"十四五"职业教育
"特高"建设规划教材

3D 打印技术

郭　畅
董海云 ｜主编
佟宝波

丁　宾 ｜审

U0230023

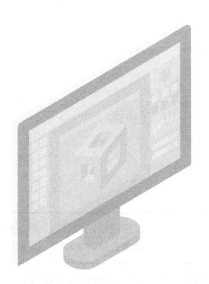

化学工业出版社
·北京·

内 容 简 介

本书是3D打印技术入门教程，全书共6个教学项目，10个教学任务。按照"工学结合、项目导向、任务驱动"的模式，选用企业生产中的零件作为任务载体，介绍了3D打印技术的基础知识、基本原理和国内外研究现状，重点讲解了熔融沉积快速成型技术（FDM）、立体光固化成型技术（SLA）、选择性激光烧结技术（SLS）、数字化光照加工技术（DLP）、选择性区域光固化技术（LCD）、选择性激光熔化技术（SLM）工艺及案例。本书配有视频资源，读者扫描二维码即可完成视频资料学习。

本书可以作为职业院校3D打印技术、快速成型技术及应用等相关课程的教材，也可作为相关企业的培训资料，以及广大工程技术人员的参考资料。

图书在版编目（CIP）数据

3D打印技术 / 郭畅，董海云，佟宝波主编．—北京：化学工业出版社，2022.5（2024.2重印）
ISBN 978-7-122-40909-6

Ⅰ．①3… Ⅱ．①郭… ②董… ③佟… Ⅲ．①快速成型技术 Ⅳ．①TB4

中国版本图书馆CIP数据核字（2022）第037608号

责任编辑：冉海滢　刘　军　　　　　　　　文字编辑：段日超　林　丹
责任校对：宋　玮　　　　　　　　　　　　装帧设计：王晓宇

出版发行：化学工业出版社（北京市东城区青年湖南街13号　邮政编码100011）
印　　装：北京印刷集团有限责任公司
787mm×1092mm　1/16　印张12¾　字数217千字　2024年2月北京第1版第2次印刷

购书咨询：010-64518888　　　　　　　　售后服务：010-64518899
网　　址：http://www.cip.com.cn
凡购买本书，如有缺损质量问题，本社销售中心负责调换。

定　　价：49.80元

前言
PREFACE

3D 打印技术诞生于 20 世纪 80 年代的美国，是一种"增材制造技术"，近年来发展迅速。随着 3D 打印技术材料成本的降低、3D 打印设备的普及，其在航空航天、国防军工、生物医疗、教育、建筑、文物保护等领域的应用越来越广泛。为了帮助入门者更快了解 3D 打印技术，让已经接触过这项技术的读者加深对每一种快速成型技术的理解，我们编写了此书。

本书共 6 个教学项目，项目一为熔融沉积快速成型技术 (FDM)，项目二为立体光固化成型技术 (SLA)，项目三为选择性激光烧结技术 (SLS)，项目四为数字化光照加工技术 (DLP)，项目五为选择性区域光固化技术 (LCD)，项目六为选择性激光熔化技术 (SLM)。每个教学项目由 1 ～ 2 个学习任务组成，涵盖了完成学习任务需要掌握的知识、操作步骤，以及明确而具体的成果展示和评价等。

本书由北京金隅科技学校的郭畅、董海云、佟宝波担任主编。其中项目一、项目三由郭畅编写，项目二、项目六由佟宝波编写，项目四、项目五由董海云编写。北京机科国创轻量化科学研究院有限公司的李斌和北京京西时代科技有限公司的申国婷提供了部分案例及技术支持，并参加了本书的编写工作。全书最后由郭畅统稿，北京金隅科技学校丁宾对本书进行了审阅，并为本书编写提出了许多宝贵的建议。在本书编写过程中，得到了编者所在单位各级领导及同事的支持与帮助，在此表示衷心的感谢。

限于编者的知识水平和经验，并且 3D 打印技术发展很快，本书涉及的新内容较多，因此书中难免有不妥之处，恳请读者批评指正。

编者
2022 年 1 月

目录
CONTENTS

项目一

熔融沉积快速成型技术(FDM)

近年来，3D打印产业的发展日新月异，新机器、新技术、新材料、新应用不断推陈出新。基于熔融沉积快速成型（fused deposition modeling，FDM）原理的三维打印快速成型技术是目前世界上最具生命力的快速成型技术之一。该技术首先由美国学者Scott Crump于1988年提出，并在1991年开发了首台商业机型。该技术应用领域涉及建筑、航天、医疗等，这当然与这种技术的诸多特点及应用潜能和广阔前景密不可分。随着全球FDM打印市场在个性化定制、家庭化和娱乐化几个方向发展趋势的增强，FDM打印工艺将得到快速普及。在此背景下，加大力度开展对熔融沉积快速成型技术的研究，使之更好地服务于人类，造福于社会，具有相当重要的战略意义和现实意义。

本项目将介绍熔融沉积快速成型技术的基本知识；适用材料、工艺特点及工艺流程；如何对零件模型进行打印前模型修复优化处理；使用打印机完成模型打印；如何对打印的模型进行后处理操作；FDM打印机日常清扫与保养。

项目
目标

1. 了解熔融沉积快速成型技术的基本知识；
2. 熟悉熔融沉积快速成型技术的适用材料、工艺特点及工艺流程；
3. 能对零件模型进行打印前模型修复优化处理；
4. 能操作使用打印机完成模型打印；
5. 能对打印的模型进行后处理操作；
6. 能够完成FDM打印机日常清扫与保养。

一、熔融沉积快速成型技术的原理

FDM 工艺是通过高温喷嘴熔融并挤出塑料线材，在 PLC 控制下堆积、冷却、固化、逐层累积成型。熔融沉积快速成型工艺原理，如图 1.1 所示。

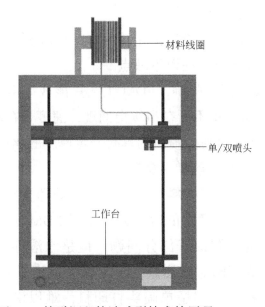

材料线圈

单/双喷头

工作台

图 1.1　熔融沉积快速成型技术的原理

成型材料和支撑材料由供丝机构送至各自对应的喷头，并在喷头中加热至熔融态。加热喷头在控制系统指令下沿着零件截面轮廓和内部轨迹运动，同时将半流动状态的热熔材料挤出，黏稠状的成型材料和支撑材料被选择性地涂覆在工作台上，迅速固化后形成截面轮廓。当前层成型后，喷头上升特定高度再进行下一层的涂覆，层层堆积形成三维产品。

二、熔融沉积快速成型技术的特点

FDM 技术不采用激光，因而仪器的使用、维护比较便捷，成本不高。用蜡成型的零件模型，能够用于石蜡铸造；利用 PLA（聚乳酸）、ABS 成型的模型具有较高的强度，可以直接用于产品的测试和评估等。近年来又开发出 PPSF（聚苯砜）、PC（聚碳酸酯）等高强度的材料，可以利用上述材料制造出功能性零件或产品。FDM 技术的很多优点使其得到快速发展。

熔融沉积快速成型技术已经基本成熟，大多数 FDM 设备具备以下优点：

(1) 设备以数控方式工作，刚性好，运行平稳；

(2) X、Y 轴采用精密伺服电机驱动，精密滚珠丝杠传动；

(3) 实体内部以网格路径填充，使原型表面质量更高；

(4) 可以对 STL 格式文件实现自动检验和修补；

(5) 丝材宽度自动补偿，保证零件精度；

(6) 挤压喷射喷头无流延、高响应；

(7) 精密微泵增压系统控制的远程送丝机构，确保送丝过程持续和稳定。

除以上优点外，FDM 也存在以下缺点：

(1) 由于工作台及速度的限制，FDM 工艺只能成型中小型件。不过近些年来，大中型的 FDM 打印机正不断在市场上涌现，速度也在不断提升。

(2) 由于 FDM 工艺是由喷头喷出的具有一定厚度的丝逐层粘接堆积而成的，因此不可避免地会产生台阶(阶梯)效应。

(3) 需要设计和制作支撑材料，打印支撑和处理支撑是 FDM 工艺绕不开的一个问题。支撑去除后，模型的表面处理也是 FDM 工艺需要面对的一个问题。虽然水溶性支撑可以解决一部分问题，但是水溶性支撑材料较贵，而且打印水溶性支撑会造成打印时间增长，日常保存也相对复杂(容易吸水)，且目前市面上的大多数打印机都是单喷头打印机，难以满足打印水溶性支撑的要求。

(4) 沿成型轴方向的零件强度比较弱，层与层直接黏合力相对弱。

(5) 成型件的表面有较明显的条纹，对模型的外观有一定的影响。

(6) 某些模型需要另外制作支撑结构，增加了成型时间和材料费用。

三、熔融沉积快速成型技术的工艺流程

一个典型的 FDM 3D 打印过程包括：三维造型、模型的转化、分层处理、实体造型、零件后处理，如图 1.2 所示。

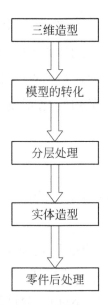

图 1.2　熔融沉积快速成型技术的工艺流程

1. 三维造型

设计人员根据产品的要求，利用计算机辅助设计软件 NX、Solidworks、Pro/ENGINEER、AutoCAD 等绘制出三维模型。

2. 模型的转化

运用美国 3D Systems 公司开发的 STL 格式进行模型转换。用一系列相连的小三角平面来逼近曲面，得到 STL 格式的三维近似模型文件，以 STL 格式输出，供 3D 打印成型系统使用。

3. 分层处理

快速成型是将模型按照一层层截面加工累加而成的，所以必须将 STL 格式的三维模型转化为快速成型制造系统可接受的层片模型。首先对模型进行逐层分解，然后按照各层截面形状进行堆积制造，最后逐层累加而成。为打印出合格的模型，必须对 STL 格式三维模型进行切片，设置合适的打印参数，如打印层厚、打印速度、打印温度、填充类型等。目前使用比较多的切片软件主要有 Slic3r 和 Cura 两种。

4. 实体造型

产品的造型包括两个方面：支撑制作和实体制作。在 FDM 成型中，每一个层片都在上一层上堆积而成，上一层对当前层起到定位和支撑的作用。但随着高度的增加，层片轮廓的面积和形状都会发生变化，当形状发生较大变化时，上层轮廓就不能给当前层提供充分的定位和支撑作用，就需要设计辅助结构来支撑，以保证成型过程的顺利实现。打开打印机，并载入前处理生成的切片模型；将工作台面清理干净，待系统初始化完成后，即可执行打印命令，完成模型打印。

5. 零件后处理

由于 FDM 工艺的特性，需对成型后的原型进行相关的工艺处理，如去除支撑、打磨、抛光、喷涂上色等。

去除支撑结构是 FDM 技术必要的后处理工艺，复杂模型一般采用双喷头打印，其中一个喷头挤出的材料就是支撑材料。FDM 的支撑材料有较好的水溶性，也可在超声波清洗机中用碱性温水（NaOH 溶液）浸泡后将其溶解剥落。

打磨的目的是去除制件的台阶效应、各种毛刺、加工纹路，达到制件表面和装配尺寸的精度要求，常使用的工具是锉刀和砂纸，一般手工完成。

抛光的目的是在打磨工序后进一步使制件表面更加光亮、平整，产生近似于镜面的效果。熔融沉积成型中常用的方法是机械抛光，常用砂纸、茶绸布、打磨膏，也可使用抛光机配合帆布轮、羊绒轮等设备进行抛光。

喷涂上色是指将涂料覆于原型表面，形成具有防护、装饰或特定功能涂层的过程，是产品制造工艺中的一个重要环节。产品外观质量不仅反映了产品的防护、装饰性能，而且也是体现产品价值的主要因素。

四、熔融沉积快速成型技术的成型材料

FDM 技术可打印的材料有很多种，如多种复合型工程塑料、高韧性的尼龙塑料等，而采用 FDM 技术的桌面式 3D 打印机，主要使用的材料为 ABS 和 PLA。

ABS 工程塑料如图 1.3 所示，具有优良的综合性能，其强度、柔韧性、机械加工性能优异，并具有较高的耐热性，是制作工程机械零部件优先使用的塑料。目前 ABS 塑料仍然作为一些大型 FDM 3D 打印机的主要打印材料。

ABS 塑料的缺点是在打印过程中会产生气味，而且由于 ABS 塑料的冷收缩性，在打印过程中模型易与打印平台脱离，所以打印过程中需要有加热底板和恒温封闭的打印仓。

PLA 塑料（如图 1.4）是随着桌面式 3D 打印机的出现而逐渐被应用的，也是当前桌面式 3D 打印机使用最广泛的一种材料。PLA 塑料是生物可降解材料，使用可再生的植物资源（如玉米等）所提取的淀粉原料制成。在打印过程中，会产生像糖果一样的气味，而且 PLA 塑料在加热后黏性也较 ABS 塑料更强，几乎不会发生收缩变形，正因如此，通常在打印 PLA 材料时，无须加热打印底板。

图 1.3　ABS 工程塑料

图 1.4　PLA 塑料

五、熔融沉积快速成型技术的应用

FDM 技术适应和满足了现代先进制造业快速发展、产品研发周期急剧缩短的需求。具有高强度的 PC、PPSF 等成型材料的应用，使得 FDM 技术的发展十分迅速，成为了近年来制造业最为热门的研究与开发课题之一。目前，此项技术已广泛应用于机械、汽车、航空航天、医疗、艺术和建筑等行业，并取得了显著的经济效益。

1. 工业方面的应用

FDM 作为先进制造技术，它可以在舍弃传统加工工具（如刀具、工装夹具等）的情况下，直接接受产品三维数据，快速、直接、精确地将虚拟的数据模型转化为具有一定功能的实体模型，实现复杂形状产品的制造。

FDM 技术可用于产品开发，实现三维数据到实体模型的快速转变，使得设计师以前所未有的直观方式体验设计的感觉，并能够使产品结构的合理性、可装配性、美观性等迅速得到验证，以便及时发现设计中的问题并修改完善设计产品，使设计与制造过程紧密结合，成为集"创意设计—FDM—样品制作"于一体的现代产品设计方法。例如，在压铸模具产品开发的过程中，由于压铸模具产品具有形状结构复杂，曲面、筋肋、窄槽较多的特点，设计过程中很容易存在失误或考虑不充分的地方。虽然在实体模型加工出来后，存在的问题会被发现并解决，但这无疑延长了产品的开发周期以及增加了研发成本。而利用 FDM 技术，能够快速制造出模具样品，方便验证产品设计的合理性，不仅缩短了产品的研发周期，还减少了研发成本，带来的经济效益是非常显著的。

FDM 技术可用于零件的加工，与通过零件拼装及切割、焊接技术制造产品的传统制造业有很大不同，摒弃了以去除材料为主要形式的传统加工方法。FDM 采用塑料、树脂或低熔点金属为材料，可便捷地实现几十件到数百件零件的小批量制造，并且不需要工装夹具或模具等辅助工具的设计与加工，大大降低了生产成本。比如，日本丰田公司利用 FDM 技术在汽车设计制造中获得了巨大收益，利用该项技术仅在 Avalon 汽车 4 个门把手上省下的加工费用就超过了 30 万美元。另外，美国太空探索技术公司把采用 FDM 技术的 3D 打印机送入空间站，其首要目的是用来测试评估 3D 打印技术在太空微重力环境下的工作情况，宇航员可以通过该机器打印所需要的零件，来减少地球向空间站运输的物资。

为了提高产品的设计精度，减少试制时间，FDM 系统可以在很短的时间内（比如几小时或几天），将二维工程图或三维软件设计的模型转化成真正的实体零件。依据设计原型对设计做评估以及进行功用的测试，能很快获取使用者对产品设计的反馈信息。同时还可以加深零件加工者对零件的理解，从而合理地确定加工方法、加工工艺和造价。与传统零件加工方法相比，FDM 快速成型方法加工速度快、精度高，并且可以在任何时候通过 CAD 系统进行修正和再验证，令设计方法更加完善。

2. 医学方面的应用

医学里的分层影像技术（如 CT、MRI）与 FDM 快速成型制造技术相结合，能够复制人体骨骼或器官结构，以便进行整容和大型复杂手术方案的预演，进行假肢的设计与加工。

3. 艺术品加工制作

艺术品和装饰品是依据设计师的灵感构思出来的，运用熔融沉积快速成型（FDM）技术能够令艺术家的创作、制作一体化，为艺术家提供非常好的设计氛围和加工条件。FDM 成型技术建立了一个全新的设计、加工的概念。它以比较低的造价、可修改性强等特征和独特的加工过程，提高零件的设计精度，减少造价，缩短设计和加工时间，令产品迅速推向市场。FDM 成型技术作为一种先进的成型技术，会在 21 世纪的制造业中占有重要的地位。

4. 单件、小批量和特殊复杂零件的直接生产

对于塑料类材料的零部件，可用高强度的工程塑料，采用熔融沉积快速成型方法直接成型，满足使用要求。现在，随着技术的发展及各行业需求的不断变化，3D 打印正朝着直接生产可直接替代性零部件方向发展。目前，适合 FDM 技术打印的尼龙、碳纤维等综合性能十分优异的材料正在不断被开发出来。

任务一

3D 打印皮卡丘玩具

 任务布置

皮卡丘玩具是现在市面上常见的一种玩具，如图 1.5 所示，其表面光滑，造型可爱，使用 FDM 技术进行 3D 打印大批量制作，缩短了制作时间，节省了制作材料。本任务首先学习使用 Magics 软件对模型进行优化处理，掌握 3D 打印机的操作流程，熟悉模型后处理的方法。

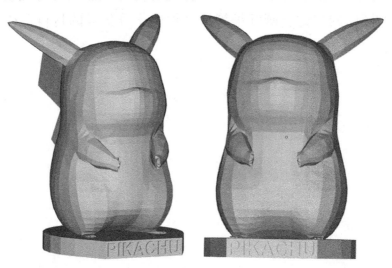

图 1.5 皮卡丘玩具

 任务目标

一、知识目标

掌握用 Magics 软件进行模型修复优化处理的方法；

掌握用 UP Studio 软件对零件模型进行打印前参数（如摆放位置、填充、支撑等）设置的方法；

掌握熔融沉积快速成型技术打印零件的工艺及工作流程；

理解熔融沉积快速成型技术打印机的参数功能；

掌握熔融沉积快速成型技术打印机操作和零件后处理的方法。

二、技能目标

能使用 Magics 软件对模型进行打印前修复优化处理；

能用 UP Studio 软件完成对零件模型打印前参数（如摆放位置、填充、支撑等）的设置；

能够对打印的零件模型进行后处理操作；

能够正确操作熔融沉积快速成型技术打印机打印零件模型；

能够完成 FDM 打印机日常清扫与保养。

三、素养目标

通过对皮卡丘零件模型的打印前修复优化处理操作，培养细致、认真和一丝不苟的工匠意识和职业素养；

打印过程中，通过对企业 6S 管理规范的执行，培养良好的职业规范意识（工服、防护用品、工具箱和工作台整洁等），工作现场达到企业 6S 管理的要求；

在对零件模型打印过程中，严格执行打印工作流程、规程，并遵守操作规范，培养良好的职业行为。

𝕏 任务分析

皮卡丘玩具模型为塑料件，为满足玩具模型质量轻、表面材料安全、大规模生产的要求，选用熔融沉积快速成型技术进行 3D 打印。皮卡丘模型尾巴部分非常脆弱，在后处理拆除支撑时应注意，防止一些脆弱地方断裂。

任务实施

一、皮卡丘玩具 3D 模型处理

1. Magics 软件处理

　　三维建模的模型一般情况下不能直接进行上机打印，需要先进行数据的检查与修复。Magics 软件是专业处理三维打印模型文件的软件，拥有布尔运算、三角缩减、光滑处理、碰撞检测等功能，具有功能强大、易用、高效等优点。

　　使用 Magics21.0 对皮卡丘模型进行前期的修复，将一些孔洞、反向三角面、干扰壳体、重复面片、缝隙等进行一些简单的处理，优化模型表面纹理，确保模型的打印效果。

　　（1）双击打开 Magics21.0（打开软件时弹出对话框等待几秒即可打开），界面显示如图 1.6 所示。

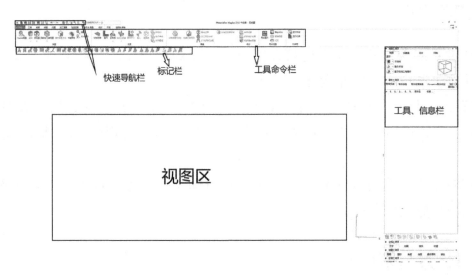

图 1.6　Magics21.0 打开界面

　　（2）单击如图 1.7 所示的【文件】—【加载】—【导入零件】，选择"皮卡丘玩具"的文件夹。Magics21.0 可导入多种文件格式，如 STL、OBJ、IGS 等。

　　（3）单击图 1.8 中的【修复】命令对模型进行简单的优化处理，将一些孔洞、反向三角面、缝隙等进行修复处理。

　　也可使用快捷键"Ctrl+F"进入如图 1.9 所示的【修复向导】界面进行模型的修复。

图 1.7　Magics21.0 导入界面

图 1.8　Magics21.0 修复命令

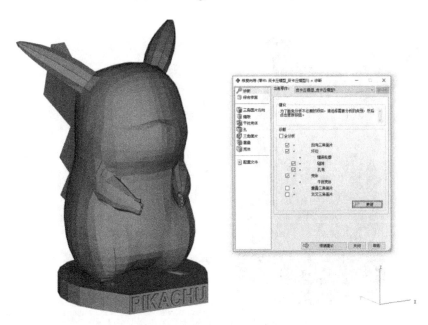

图 1.9　Magics21.0 修复向导

　　① 单击修复向导中的【诊断】—【更新】进行检测，将会检测到模型中所有的问题（图 1.10）。

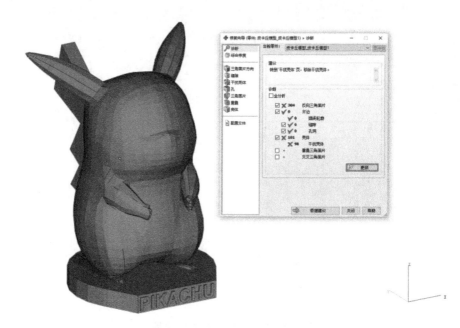

图 1.10　诊断模型

② 在 STL 格式中，法向量用于标示三角面片的方向。当法向量方向相反时，这个错误称为法向量反向。单击【三角面片方向】—【自动修复】，对皮卡丘玩具模型中的反向三角面进行系统自动修复（图 1.11）。

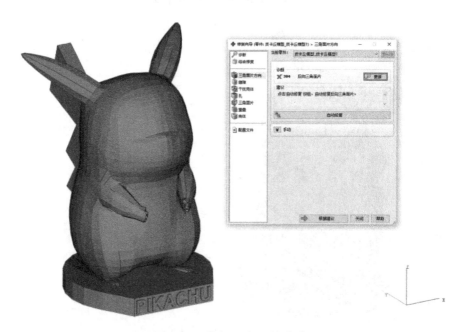

图 1.11　修复三角面片方向

③ 三角面片方向修复完成后发现仍有一些反向三角面未能进行自动修复，可点击【干扰壳体】—【自动修复】，再次进行系统自动修复（图 1.12）。

④ 每一个壳体由一组三角面片组成，正常情况下，每个零件由一个壳体组成，因为零件上的每个三角面片都与其他面片连接。修复向导中【壳体】命令点开后显示只有一个壳体，即表示皮卡丘玩具模型修复处理完成（图 1.13）。

图 1.12　修复干扰壳体

图 1.13　壳体

也可再次点击【诊断】—【更新】，系统自动检测模型问题。

（4）单击工具栏中的【文件】—【另存为】—【所选文件另存为】，弹出对话框，此时名称显示零件和支撑的名称，如图1.14所示，保存格式为"STL"。

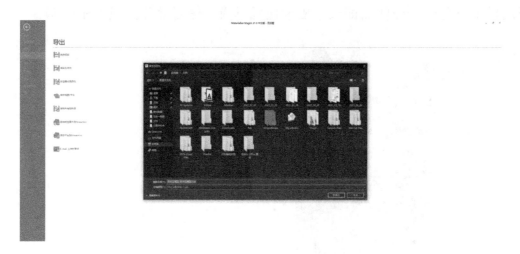

图1.14　保存零件

2. UP Studio 软件处理

（1）UP Studio 软件是 UP BOX+3D 打印机的配套软件，操作简单便捷，可配合打印机快速完成打印工作。打开 UP Studio 软件，单击【UP】—【添加】—【添加模型】，选择"皮卡丘玩具"模型文件导入（图1.15）。

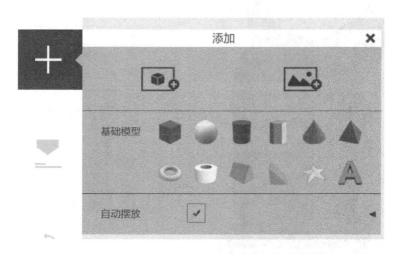

图1.15　模型添加

（2）摆放位置：点击图1.16所示的【自动摆放】，软件自动将"皮卡丘玩具"模型进行合适位置的摆放，若觉得自动摆放的位置不合适，也可在图1.9所示的工具栏中使用【移动】、【旋转】等命令进行手动摆放。

将"皮卡丘玩具"模型沿着"Y"轴旋转45°，如图1.17所示。

图1.16　工具栏

图1.17　"皮卡丘玩具"旋转45°

（3）参数设置：在软件界面的左侧任务栏中单击【打印】，显示如图1.18所示界面，可设置层片厚度、填充方式和打印质量，打印"皮卡丘玩具"模型可设置层片厚度为0.3mm，填充方式设置为，质量选择"较好"，勾选"非实体模型"，提高打印速度，减少打印耗材。

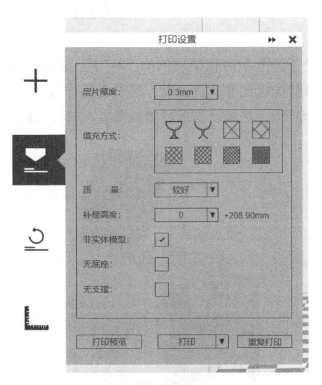

图1.18　打印参数调节

（4）生成支撑：设置好切片参数等一些数据，点击【打印预览】显示如图1.19所示的界面，软件会根据所设置的模型参数计算出打印时间和打印所需要的耗材。

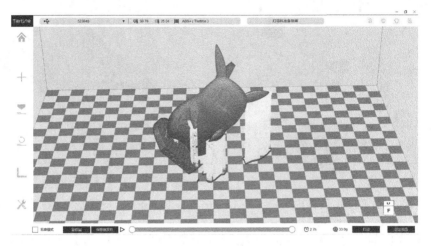

图 1.19　打印预览

二、3D 打印皮卡丘玩具模型

1. 打印准备

使用的打印设备为太尔时代研发的 UP BOX+，如图 1.20 所示，它可打印超大尺寸模型，具有智能支撑、易剥离、简单易操作等优点，可打印的材料有ABS 和 PLA，适合打印一些精度不高的塑料模型。该打印机见图 1.21。

图 1.20　UP BOX+ 打印机

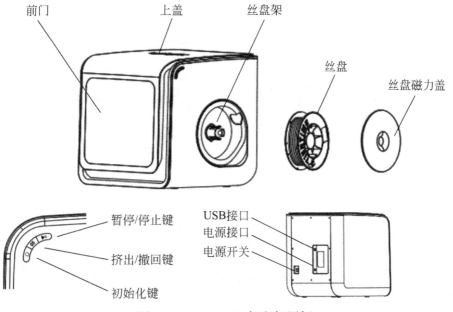

图 1.21　UP BOX+ 打印机图解

2. 打印的操作步骤

（1）将打印机和处理模型使用的计算机进行连接，机器每次打开时都需要初始化。在初始化期间，打印头和打印平台缓慢移动，并会触碰到 X、Y、Z 轴限位开关，这一步很重要，因为打印机需要找到每个轴的起点。只有在初始化之后，软件的其他选择项才会亮起供选择使用。

初始化有两种方式。一种在软件安装中可以体现。当打印机空闲时，长按打印机上的初始化按钮也会触发初始化。初始化按钮的其他功能：停止当前的打印工作（在打印期间，按下并保持按钮）；重新打印上一项工作（双击该按钮）。另一种是在软件中单击如图 1.22 所示的【初始化打印机】进行设备的初始化操作。

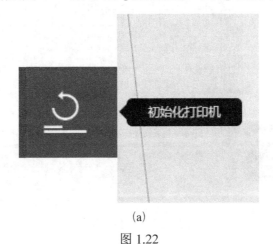

(a)

图 1.22

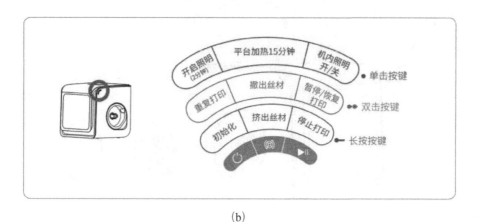

(b)

图 1.22　打印机初始化

(2) 平台校准。平台校准是成功打印最重要的步骤,因为它可确保第一层的黏附。

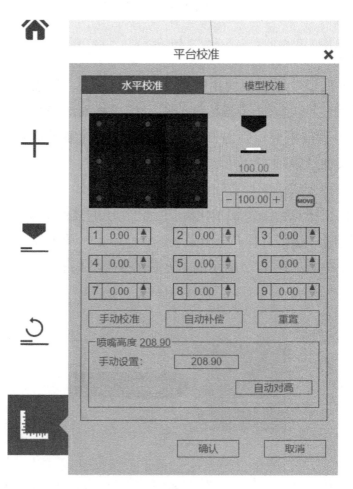

图 1.23　平台校准

理想情况下，喷嘴和平台之间的距离是恒定的，但是实际情况中，因各种原因会导致距离在不同位置会有所不同，这样可能导致打印出的成品翘边。所以在使用 UP BOX+ 打印机时，单击图 1.23 中的【自动对高】，校准探头将被放下，开始自动探测平台位置。在探测平台之后，调平数据将被更新，并储存在机器内，调平探头也将自动缩回（图 1.24）。

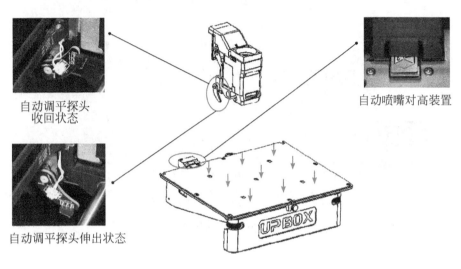

图 1.24　自动对高

也可使用如图 1.25 所示的【手动对高】对打印机进行 9 点校准，使用校准片放在喷嘴和平台之间，调整平台高度，感受到校准片有轻微阻力时表示该点调整完毕，同样的操作重复 8 次，完成手动校准的过程（平台下有如图 1.26 所示的四个手调螺母可调节平台的水平和细微高度，在进行手动调节时可配合使用）。

注意事项：

① 在喷嘴未被加热时进行校准；

② 在校准之前清除喷嘴上残留的塑料；

③ 在校准之前，把多孔板装在平台上；

④ 平台自动校准和喷头对高只能在喷嘴温度低于 80℃状态下进行，喷嘴温度高于 80℃时无法启动这两项功能。

（3）在开始打印之前要先使用如图 1.27 所示的【维护】—【挤出】命令，将使用的材料进行预热且确定喷头的工作状态。

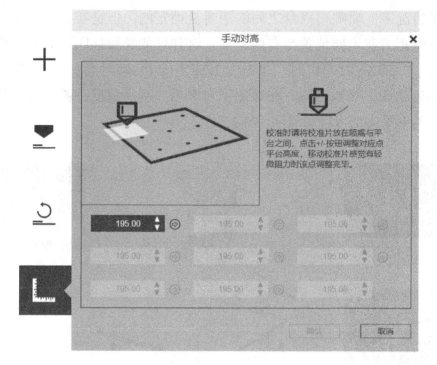

图 1.25　手动校准

图 1.26　手调螺母

　　打印底板根据打印机配置进行选择；喷嘴直径根据喷嘴的型号大小进行选择，一般为 0.4mm；加热是对平台进行加热工作，15min 即可；根据所选用的具体材料进行材料类型选择。

　　（4）开始打印。在 UP Studio 软件中单击【打印设置】—【打印】开始进行"皮卡丘玩具"的打印工作，如图 1.28 所示。

　　（5）如图 1.29 所示，打印完成后，等 Z 轴回到起始位置后，打开打印机的前门进行冷却降温。

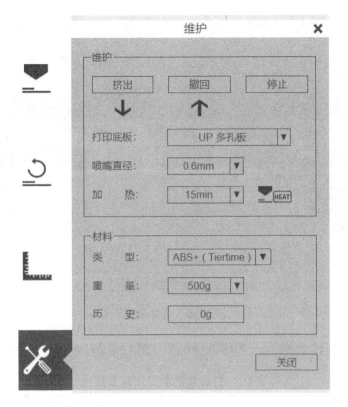

图 1.27　维护

图 1.28　"皮卡丘玩具"打印

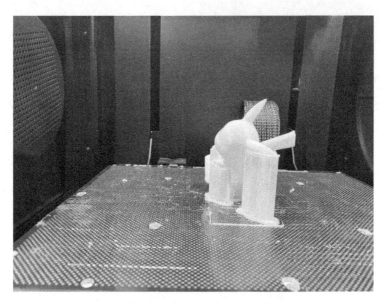

图 1.29　打印完成

（6）打印过程中会遇到一些常见问题，其对应解决办法如表 1.1 所示。

表1.1　打印机的常见问题及处理

问题	解决方法
打印头和平台无法加热至目标温度	初始化打印机
	加热模块损坏，更换加热模块
	加热线损坏，更换加热线
丝材不能挤出	从打印头抽出丝材，切断熔化的末端，然后将其重新装到打印头上
	塑料堵塞喷嘴，替换新的喷嘴，或移除堵塞物
	丝材过粗。通常在使用质量不佳的丝材时会发生这种情况，应使用 UP 品牌的丝材
	对于某些模型，如果 PLA 不断造成问题，切换到 ABS
不能检测打印机	确保打印机驱动程序安装正确
	检查 USB 电缆是否有缺陷
	重启打印机和计算机

（7）更换喷嘴：经过长时间的使用，打印机喷嘴会变得很脏，甚至堵塞，用户可以更换新喷嘴。老喷嘴可以保留，清理干净后可以再用（如图 1.30 所示）。

（8）维护：

① 用维护界面的"撤回"功能，令喷嘴加热至打印温度。

② 戴上隔热手套，用纸巾或棉花把喷嘴擦干净。

③ 使用打印机附带的喷嘴扳手把喷嘴拧下来。

④ 堵塞的喷嘴可以用很多方法去疏通，如用 0.4mm 钻头钻通，在丙酮中浸泡，用热风枪吹通或者用火烧掉堵塞的塑料。

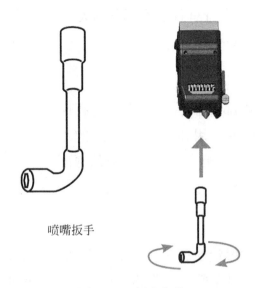

图 1.30　疏通喷嘴

(9) 打印技巧：

① 确保精确的喷嘴高度。喷嘴高度过低将造成变形，过高将使喷嘴撞击平台，从而造成损伤和堵塞。用户可以在"校准"界面手动微调喷嘴的高度，可以基于之前的打印结果，尝试加减 0.1 ～ 0.2mm 调节喷嘴的高度。

② 正确校准打印平台。未调平的平台通常造成翘边，应进行充分预热。一个充分预热的平台对于打印大型作品并确保不产生翘边至关重要。

③ 通过旋转气流调节杆更改打印物体的受风量。通常情况下，冷却越充分，打印质量越高。冷却还可以使基底和支撑更好剥离。但是，冷却可能导致翘边，特别是 ABS。简单来讲，PLA 可正全开，而 ABS 可以关闭。对于 ABS+ 材料，推荐半开。

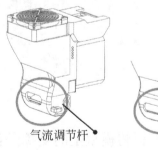

气流调节杆

④ 增加风量能够改善精细和突出结构的打印质量。通风导管见图 1.31。

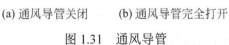

(a) 通风导管关闭　　(b) 通风导管完全打开

图 1.31　通风导管

三、皮卡丘玩具模型的后处理

FDM 技术制作的模型通常需要后处理，因为其表面并不是光滑的，是阶梯状的，这个和 FDM 技术本身有着密不可分的关系。所以就需要后期用一些特殊人工方式，使得模型更加完美。

1. 取零件

打印机通风冷却内部降温后，操作员将打印平台上的 UP 多孔板拆下，用如图 1.32 所示的小铲子将模型慢慢从 UP 多孔板上剥离。注意从底部铲出，避免损伤模型表面。

图 1.32　拆卸工具

2. 拆除零件支撑

图 1.33 所示的剪钳形状像剪子，而头比普通的剪子更小、更厚，就像钳子头的后半部分。剪钳是制作模型时常常用到的工具，用来剪断塑料或金属的连接部位，比起用手拧省时省力。也有剪钳用于剪断线材，有的剪钳也有剥电线的功能。

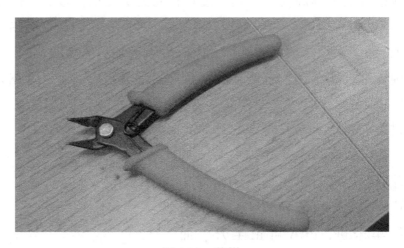

图 1.33　剪钳

使用剪钳将模型上的支撑进行拆除，对一些比较脆弱的地方在拆除时应该格外小心，例如"皮卡丘玩具"模型的耳朵和手部分的支撑，应慢慢剪下，不可蛮力拆除，如图 1.34 所示。

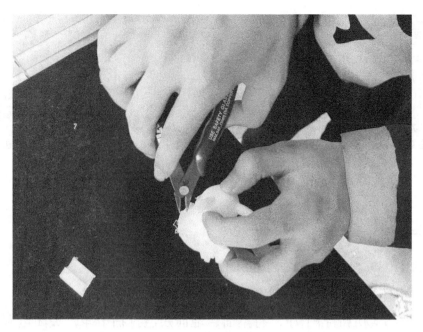

图 1.34　拆除支撑

3.打磨

打磨可以手工打磨或者使用砂带磨光机这样的专业设备。砂纸打磨在处理比较微小的零部件时会有问题，因为它是靠人手或机械的往复运动。不过砂纸打磨处理起来还是比较快的。一般用 FDM 技术打印出来的对象往往有一圈圈的纹路，用砂纸打磨消除皮卡丘玩具上的纹路只需要几分钟。

海绵砂的好处就是可以随物体起伏不平的表面进行打磨，如带弧度的物体表面。海绵砂本身是软的，而且可以反复使用，蘸水或是干磨都可以。海绵砂的标号是区间性的，比如红色的是 500～600 目，蓝色的是 800～1000 目，绿色的是 1200～1500 目。

锉刀的种类比较多，精细小巧，有半圆的、直板的、异形的等很多种，用于打磨。金属锉刀中质量好的重复使用的寿命就会长。锉刀如果被打磨残渣封住了表面，那用小毛刷刷掉残渣即可。不推荐用水冲，一是不易冲掉残渣，二是锉刀容易生锈。用锉刀打磨，通常是在基础打磨的时候。锉刀没有具体标号，用锉打磨完毕之后，模型是不可以直接上漆的，因为模型表面会有锉痕（划痕），喷过漆之后会很明显。所以要再结合细砂纸打磨完善。打磨工具见图 1.35。

图 1.35　打磨工具

四、清理

(1) 将 UP 多孔板铲除干净后装回打印机平台上。

(2) 将打印机内部使用小刷子进行清理 (图 1.36)。

(3) 实验室场地清扫干净，将桌面、地面残渣打扫干净，关闭电源。

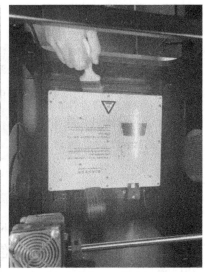

图 1.36　清理设备

任务评价

在完成以上几个教学环节的基础上，对本任务做总结，针对学生完成任务情况，完成任务过程中的规范性、态度、参与度、协作能力等方面进行评价，任务评价表如表 1.2 所示。

表1.2　任务一评价表

任务名称		皮卡丘玩具模型		评价日期			
姓名		班级		评价日期			
姓名		学号					
评价项目	考核内容	考核标准		配分	小组评分	教师评分	总评
任务完成情况评定（80分）	任务分析	正确率100%　　　5分 正确率80%　　　4分 正确率60%　　　3分 正确率<60%　　　0分		5分			
任务完成情况评定（80分）	制定方案	合理　　　　10分 基本合理　　　6分 不合理　　　　0分		10分			
任务完成情况评定（80分）	模型处理	参数设置正确　　20分 参数设置不正确　0分		20分			
任务完成情况评定（80分）	3D打印成型	操作规范、熟练　　10分 操作规范、不熟练　5分 操作不规范　　　0分		30分			
任务完成情况评定（80分）	3D打印成型	加工质量符合要求　20分 加工质量不符合要求　0分		30分			
任务完成情况评定（80分）	后处理	处理方法合理　　5分 处理方法不合理　0分		15分			
任务完成情况评定（80分）	后处理	操作规范、熟练　　10分 操作规范、不熟练　5分 操作不规范　　　0分		15分			
职业素养（20分）	劳动保护	按规范穿着工装，穿戴防护用品		每违反一次扣5分，扣完为止			
职业素养（20分）	纪律	不迟到、不早退、不旷课、不吃喝、不游戏打闹、不玩手机		每违反一次扣5分，扣完为止			
职业素养（20分）	表现	积极、主动、互助、负责、有改进精神、有创新精神		每违反一次扣5分，扣完为止			
职业素养（20分）	6S规范	符合6S管理要求		每违反一次扣5分，扣完为止			
总分							
学生签名		组长签名		教师签名			

3D 打印助力北京冬奥会

2022 年 2 月 4 日晚,第二十四届冬季奥林匹克运动会在国家体育场隆重开幕,星光璀璨,气势恢宏,令全国人民心潮澎湃,激动万分。在北京冬奥会的背后,3D 扫描 /3D 打印发挥了不小的作用。

北京冬奥会"飞扬"火炬造型充满艺术感,压缩了内部空间,增加了火炬设计、加工和制造难度。中国航天科技集团有限公司、哈尔滨工业大学及哈特三维科技有限公司联合攻关,发挥哈尔滨工业大学多年来在新材料、精密成型和装备研发方面的技术优势,最终选定用 3D 打印技术研制火炬,攻克了火炬在研制过程中精密成型的难题。

苏彦庆教授团队对多种 3D 打印材料进行了测试和优化,对火炬内部结构进行了成型工艺优化,对燃烧器 3D 打印工艺进行了系统验证和改进,最后成功制备出完全满足要求的氢火炬及其燃烧系统,保障了冬奥会主火炬燃烧的可靠性。

此外,为保证火炬外观质量和燃烧效果,除要求尺寸精度准确外,还需要保证 3D 打印火炬内部的致密度接近锻态,以满足内部燃烧器气密性要求和火炬表面抛光质量要求。苏彦庆教授团队及哈特三维技术团队对 3D 打印装备进行了改进,配套研发了新型打印工艺,进一步提升了打印效率和打印火炬内部质量,满足了火炬生产的各方面要求。

除了 3D 打印火炬之外,3D 扫描 /3D 打印在冬奥会的其他方面也发挥了不小的作用,冬奥花坛里的 3D 雪花,是用城市固废 3D 打印的,国家雪车队运动员定制头盔、滑雪机器人、中国结、冬奥会定格动画在设计和制造过程中都用到了 3D 打印技术。

任务二

3D 打印吸尘器刷头

任务布置

　　某公司在制作一大批吸尘器，发现传统方法生产吸尘器刷头不仅浪费材料还效率低下，现想使用 3D 打印技术完成一批如图 1.37 所示的吸尘器刷头制作。本任务首先使用 Magics 软件对模型进行优化处理，然后进行 3D 打印，探讨怎样的打印方式可以使打印的速度更快，表面质量更好，精度更高。

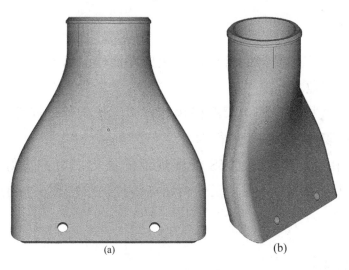

(a)　　　　　　　　(b)

图 1.37　吸尘器刷头

任务目标

一、知识目标

　　掌握用 Magics 软件进行模型修复优化处理的方法；

掌握用 UP Studio 软件完成对零件模型打印前参数（如摆放位置、填充、支撑等）的设置方法；

掌握熔融沉积快速成型技术打印零件的工艺及工作流程；

理解熔融沉积快速成型技术打印机的参数功能；

掌握熔融沉积快速成型技术打印机操作和零件后处理的方法。

二、技能目标

能使用 Magics 软件对模型进行打印前修复优化处理；

能用 UP Studio 软件完成对零件模型打印前参数（如摆放位置、填充、支撑等）的设置；

能够对打印的零件模型进行后处理操作；

能够正确操作熔融沉积快速成型技术打印机打印零件模型；

能够完成 FDM 打印机日常清扫与保养。

三、素养目标

通过对吸尘器零件模型的打印前优化处理操作，培养细致、认真和一丝不苟的工匠意识和职业素养；

在对零件模型打印过程中，严格执行打印工作流程、规程，并遵守操作规范，培养良好的职业规范和职业行为；

打印过程中，通过对企业 6S 管理规范的执行，培养良好的职业规范意识（工服、防护用品、工具箱和工作台整洁等），工作现场达到企业 6S 管理的要求。

⚘ 任务分析

吸尘器刷头模型为塑料件，为了满足吸尘器刷头模型质量轻、材料耐用、精度高、大规模生产的要求，选用熔融沉积快速成型技术进行 3D 打印。由于吸尘器刷头在后期需要进行装配，所以要注意装配位置的精度和表面的粗糙度。

任务实施

一、吸尘器刷头 3D 模型处理

1. Magics 软件处理

使用其他软件建模或者扫描完成的数据并不能直接进行 3D 打印，需要先对模型进行一些前期的处理，方可将模型进行打印。

使用 Magics21.0 对吸尘器刷头模型进行前期的修复，将一些孔洞、反向三角面、干扰壳体、重复面片、缝隙等进行一些简单的处理，优化模型表面纹理，确保模型的打印效果。

（1）双击打开 Magics21.0，单击【文件】—【加载】—【导入零件】，选择"吸尘器刷头"文件，如图 1.38 所示。

图 1.38　模型导入

（2）单击【修复】命令对模型进行简单的优化处理，将一些孔洞、反向三角面、缝隙等进行修复处理。也可使用快捷键"Ctrl+F"进入如图 1.39 所示的【修复向导】界面进行模型的修复。

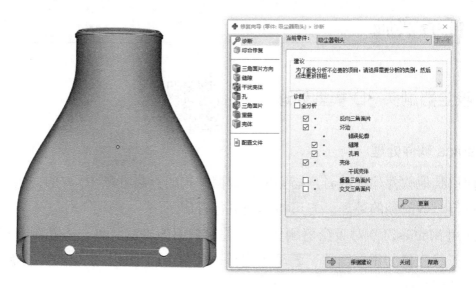

图 1.39 Magics21.0 修复向导界面

① 单击修复向导图 1.40 中的【诊断】—【更新】进行检测，将会检测到模型中所有的问题。

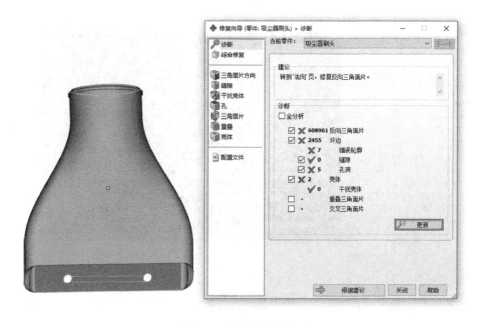

图 1.40 诊断模型界面

② 观察吸尘器刷头模型，可发现模型内部出现了一些孔洞以及反向三角面需要进行修复处理，单击图 1.41 中的【三角面片方向】命令，选择标记栏中的命令，单击模型内部的反向三角面进行标记，选择【反转标记】命令。

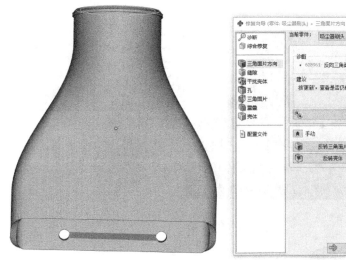

图 1.41　修复三角面片方向

③ 发现一些地方并不能进行三角面片的反转，则需要点击【孔】—【手动】，单击【标记轮廓】—【填充标记】（图 1.42）将孔洞进行填补。吸尘器刷头模型的上方孔洞需要使用【创建桥】命令（如图 1.43 所示）将两个边进行连接。然后点击【补洞】命令将孔填充。还有一些小孔洞可以直接点击【自动修复】进行填充。

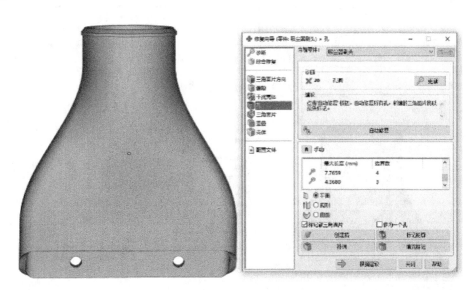

图 1.42　填充标记

④ 点击【壳体】—【选择所有】—【合并壳体】，弹出如图 1.44 所示对话框。单击【合并壳体】，合并壳体后发现仍有一些小壳体未成功进行合并，单击三角面片数量最大的壳体，点击【选择反转】—【删除选择壳体】（图 1.45）。

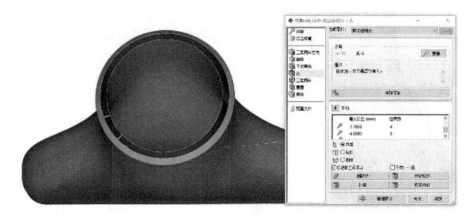

图 1.43　创建桥

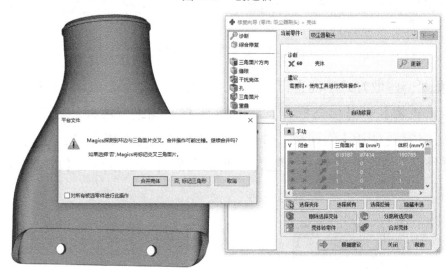

图 1.44　合并壳体

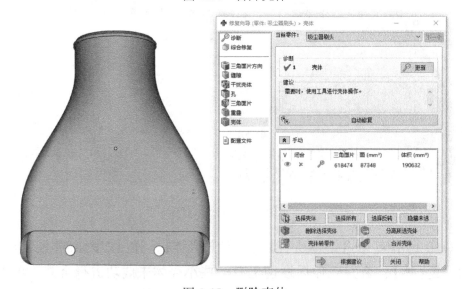

图 1.45　删除壳体

⑤ 再次单击【孔】—【补洞】对吸尘器前端模型进行修复。

⑥ 再次点击【诊断】—【更新】显示图 1.46 所示界面，确定模型无误。

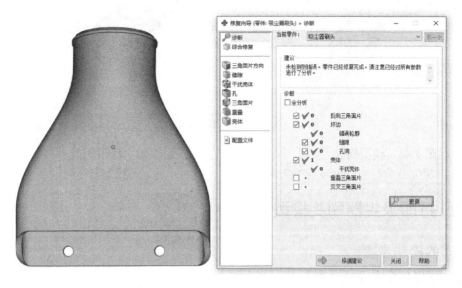

图 1.46　系统诊断

（3）将修复好的文件保存导出。

2. UP Studio 软件处理

（1）将模型导入 UP Studio 软件中进行打印前的设置。

（2）发现导入的模型过大，超出打印机的打印范围，可选择如图 1.47 所示的【缩放】命令将模型进行等比例的位置缩放。

（3）模型倾斜 45°左右为最好的打印角度，使用图 1.47 中的【旋转】对模型进行调整，放置合适角度后点击【自动摆放】命令，使模型更好地贴合底板，如图 1.48 所示。

（4）打印参数设置完成后，软件自动计算打印所需时间和耗材，预览效果如图 1.49 所示。

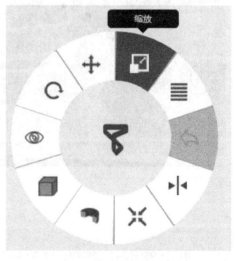

图 1.47　模型缩放

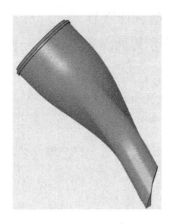

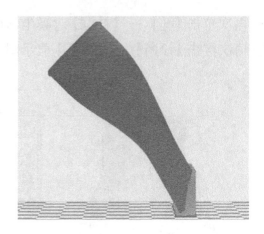

图 1.48　模型摆放　　　　　　　图 1.49　打印预览

二、3D 打印吸尘器刷头模型

打印的操作步骤：

（1）先将打印机初始化。

（2）打印平台校准。

（3）开始打印，等材料预热完成后即可开始打印。

打印见图 1.50。

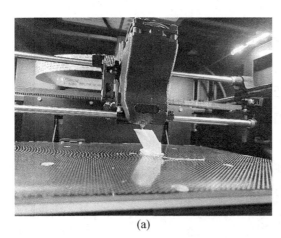

（a）　　　　　　　　　　　　　（b）

图 1.50　打印

三、吸尘器刷头模型的后处理

（1）模型打印好后打开打印机的前门，将模型通风静置 1min，待 UP 多孔

板冷却后将多孔板从打印机上取下，如图 1.51 所示。

（2）使用小铲子将模型从多孔板上撬下（注意不可直接铲下，防止多孔板上残留小凸点，影响后面的使用），如图 1.52 所示。

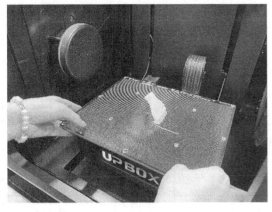

图 1.51　拆卸多孔板

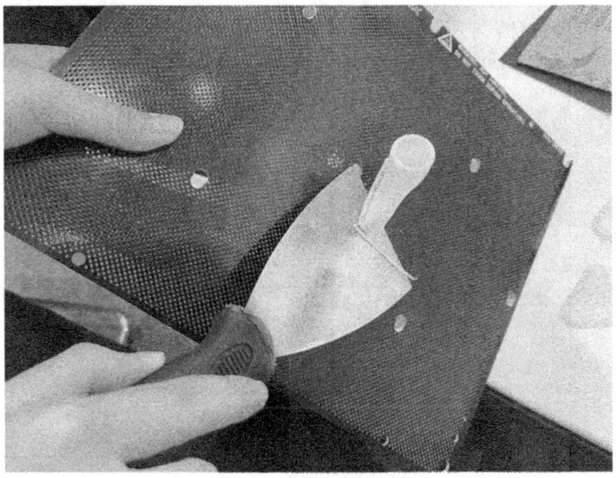

图 1.52　拆卸打印件

（3）使用剪钳将打印件上的支撑手动拆除，如图 1.53 所示。

（4）使用砂纸对一些地方进行打磨后就处理完成了，打印成品见图 1.54。

图 1.53　拆除支撑

图 1.54　打印成品

（5）清理打印设备，关闭电源。

⚗ 任务评价

在完成以上几个教学环节的基础上，对本任务做总结，针对学生完成任务情况，完成任务过程中的规范性、态度、参与度、协作能力等方面进行评价，任务评价表如表 1.3 所示。

表1.3 任务二评价表

任务名称		吸尘器刷头		评价日期		
姓名		班级		评价日期		
		学号				
评价项目	考核内容	考核标准		配分	小组评分	教师评分	总评
任务完成情况评定（80分）	任务分析	正确率100%　　　5分 正确率80%　　　4分 正确率60%　　　3分 正确率<60%　　　0分		5分			
	制定方案	合理　　　　　　10分 基本合理　　　　6分 不合理　　　　　0分		10分			
	模型处理	参数设置正确　　20分 参数设置不正确　0分		20分			
	3D打印成型	操作规范、熟练　　10分 操作规范、不熟练　5分 操作不规范　　　　0分		30分			
		加工质量符合要求　20分 加工质量不符合要求　0分					
	后处理	处理方法合理　　5分 处理方法不合理　0分		15分			
		操作规范、熟练　　10分 操作规范、不熟练　5分 操作不规范　　　　0分					
职业素养（20分）	劳动保护	按规范穿着工装，穿戴防护用品		每违反一次扣5分，扣完为止			
	纪律	不迟到、不早退、不旷课、不吃喝、不游戏打闹、不玩手机					
	表现	积极、主动、互助、负责、有改进精神、有创新精神					
	6S规范	符合6S管理要求					
总分							
学生签名		组长签名			教师签名		

拓展延伸

科技创新突破——全 3D 打印航天关键承力件通过飞行考核

2020 年，中国航天取得了举世瞩目的成绩。新一代运载火箭长征五号 B、长征八号首飞成功，天问一号奔赴火星，新一代载人飞船实验船成功验证，探月工程"绕、落、回"三步走圆满收官，北斗卫星系统全面组网……中国航天创造了一个又一个奇迹。

2020 年也是航天领域要求以质取胜的一年，3D 打印技术在航天领域的表现尤为亮眼。其中全 3D 打印航天关键承力件通过飞行考核，在研制过程中，为了大幅减重，设计人员对捆绑支座这一关键主承力构件进行了系统优化，最终选用了以最优传力路径设计的钛合金构件，有效减重 200kg。面对大尺寸、高精度、高性能的制造要求，经过近 4 个月的工艺摸索，增材制造中心解决了大尺寸零件成型易开裂等难题，显示出增材制造的优势，该产品于 2019 年 3 月正式交付。产品性能检测结果显示，经全 3D 打印的钛合金材料静载屈服强度略优于、伸长率远优于国内同期工程应用水平，强塑积提升一倍以上，全产品剖切性能离散度达到锻件水平要求，显示出增材制造强大的技术优势。

? 习题

一、选择题

1. 全球第一台 3D 打印机诞生于（   ）。

A.1998 年　　　B.1992 年　　　　　C.1986 年　　　　　D.1988 年

2.3D 打印生产制造方式属于（   ）技术范畴。

A. 等材制造　　B. 减材制造　　　　C. 增材制造　　　　D. 耗材制造

3. FDM 技术的成型原理是（   ）。

A. 叠层实体制造　　　　　　　　　B. 熔融挤出成型

C. 立体光固化成型　　　　　　　　D. 选择性激光烧结

4.3D 打印技术又称快速成型技术，最早的 3D 打印技术出现在（   ）。

A.19 世纪初　　B.20 世纪初　　　　C.20 世纪末　　　　D.20 世纪 80 年代

5. 熔融沉积成型技术（FDM）诞生于（   ）。

A.1990 年　　　B.1988 年　　　　C.1980 年　　　　　D.1986 年

6. 各种各样的 3D 打印机中，精度最高、效率最高、售价也相对最高的是（　　）。

A. 个人级 3D 打印机　　　　　　　　B. 专业级 D 打印机

C. 桌面级 3D 打印机　　　　　　　　D. 工业级 3D 打印机

7.（　　）不是 3D 打印技术需要解决的问题。

A.3D 打印的耗材　　　　　　　　　B. 增加产品应用领域

C.3D 打印机的操作技能　　　　　　D. 知识产权的保护

8. 中国 3D 打印技术产业联盟正式成立于（　　）。

A.2015 年　　　B.2012 年　　　　C.2014 年　　　　　D.2013 年

二、填空题

1."皮卡丘玩具"模型使用 UP Studio 进行软件数据处理包括（　　　）、（　　　）、（　　　）、（　　　）等初步步骤。

2. "皮卡丘玩具"模型使用 FDM 技术打印的步骤主要包括（　　　）、（　　　）、（　　　）、（　　　）、（　　　）。

3. 使用 Magics21.0 对吸尘器刷头模型进行前期的修复，将一些（　　　）、（　　　）、（　　　）、（　　　）、（　　　）等进行一些简单的处理，优化模型表面纹理，确保模型的打印效果。

4. FDM 技术模型的后处理主要包括（　　　）、（　　　）、（　　　）等步骤。

5. 使用（　　　）生产单个或小批量零部件，既能节约开发成本，又能缩短开发周期，是产品开发和模型测试的好帮手。

三、简答题

1. 什么是减材制造?

2. 快速成型技术设备组成有哪些?

3. 什么是增材制造?

4. 3D 打印技术的材料有哪些?

5. 3D 打印所需的关键技术包括哪些?

项目二

立体光固化成型技术（SLA）

项目
导入

立体光固化成型技术（stereo lithography apparatus, SLA），又称立体光刻、光成型等，是一种采用激光束逐点扫描液态光敏树脂使之固化的快速成型工艺。光固化快速成型工艺是最早发展起来的快速成型技术。光固化快速成型不同于传统的用材料去除方式制造零件的方法，而是用材料一层一层积累的方式构造零件模型。它集现代数控技术、CAD/CAM 技术、激光技术和新材料技术于一体，突破了传统加工模式，大大缩短了产品的生产周期。由于具有成型过程自动化程度高、制作原型精度高、表面质量好以及能够实现比较精细的尺寸成型等特点，SLA 得到较为广泛的应用，特别适用于新产品的开发、不规则或复杂形状零件制造（如具有复杂形面的飞行器模型和风洞模型）、大型零件的制造、模具设计与制造、产品设计的外观评估和装配检验，也适用于难加工材料的制造（如利用 SLA 技术制备碳化硅复合材料构件等）。SLA 不仅在制造业具有广泛的应用，未来将向高速化、节能环保、微型化方向发展，随着加工精度的不断提高，其将在生物、医药、微电子等方面得到更广泛的应用。本项目将介绍 SLA 的基本知识；适用材料、工艺特点及工艺流程；如何对零件模型进行打印前处理；使用打印机完成模型打印；如何对打印的模型进行后处理操作；完成立体光固化打印机日常清扫与保养。

项目
目标

1. 了解立体光固化成型技术（SLA）的基本知识；
2. 熟悉立体光固化成型技术（SLA）的适用材料、工艺特点及工艺流程；
3. 能对零件模型进行打印前处理；
4. 能操作使用打印机完成模型打印；
5. 能对打印的模型进行后处理操作；
6. 能够完成立体光固化打印机日常清扫与保养。

一、立体光固化成型技术的原理

SLA 成型过程：成型平台固定在液体树脂槽中，距离液体表面一层的高度。特定波长与强度的紫外激光（250 ～ 400nm）选择性地照射光聚合树脂，被照射到的部分液态树脂凝固，未被照射到的部分仍然是液态，当一层打印完成后，成型平台下降一个层厚的距离，刮刀给表面覆上新的一层树脂，激光按照下一层扫描照射液面，重复这个过程，直到模型打印完成。打印完成后，模型处于未完全固化的状态。如果需要较高的力学性能和热性能，就需要清理黏附的液态树脂，然后在紫外光下进行进一步后处理固化。

液体树脂通过一种称为光聚合的过程固化。在固化过程中，组成液体树脂的单体碳链被紫外激光作用，变成固体。光聚合的过程是不可逆的，SLA模型无法还原为液态。当加热时，它们会燃烧而不是熔化。这是因为 SLA 的生产材料是由热固性聚合物制成的。立体光固化成型技术原理如图 2.1 所示。

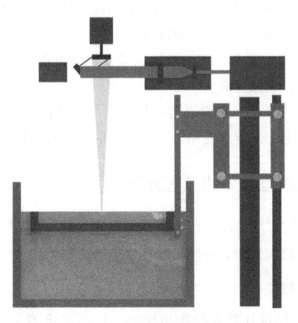

图 2.1　立体光固化成型技术的原理

二、立体光固化成型技术的特点

1. 优点

(1) 成熟度高、应用广泛。SLA 是最早出现的快速原型制造工艺，工艺与设备已经相当成熟，现已被广泛应用于模型制造、工艺验证和文娱等方面，设备从大尺寸（300 ~ 1500mm）工业级到小尺寸（300mm 以下）桌面级均有涉及。

(2) 成型精度高。原型件真实、准确、完整地反映出所设计的制件，包括内部结构和外形，使原型更逼近于真实的产品。SLA 的成型精度可以高达 ±0.01mm，可以生产尺寸精度非常高、细节复杂的零件。

(3) 表面质量好。工件的最上层表面很光滑，虽然在每层固化时曲面和侧面可能会有台阶不平或者不同层面间的台阶效应，但是上表面仍然可以得到玻璃状的效果，达到磨削加工的表面效果。

2. 缺点

(1) 需要大量支撑。SLA 最大的缺点就是模型需要支撑结构，悬空部分基本都需要设置支撑且支撑需要连接到设备加工平台完成固定，导致支撑量很大，个别零件支撑会很高，造成后处理较烦琐。

(2) 环境要求高。SLA 系统要对液体进行精密操作，且树脂需要合适的环境温度、湿度保存，所以对工作环境和树脂的储存环境要求较高。

(3) 材料有限。SLA 可以选择的材料种类有限，必须是光敏树脂。这类树脂大多情况下不能进行耐久性和耐热性试验，性能好的树脂价格昂贵，且光敏树脂对环境有污染，刺激皮肤。

(4) 无法长时间保存。光敏树脂零件在空气中长时间放置会吸收水分，导致薄壁部位弯曲变形，力学性能和外观会随着时间推移而退化。

三、立体光固化成型技术的工艺流程

一个典型的 SLA 3D 打印过程包括：创建 CAD 三维模型、STL 格式文件转换、模型前处理、逐层打印、零件后处理，如图 2.2 所示。

1. 创建 CAD 三维模型

利用计算机辅助设计软件绘制出模型，目前主流的三维设计软件有 NX、

Solidworks、Pro/ENGINEER 等，这些设计软件均为正向设计。获取三维模型的方式也可以为逆向，通过激光扫描仪扫描获取所需零件的点云数据，再通过逆向建模软件如 Geomagic Design X 形成零件的实体，得到零件的三维数据。

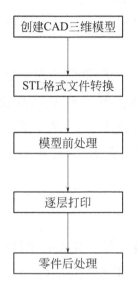

图 2.2　立体光固化成型技术的工艺流程

2. STL 格式文件转换

　　STL 是由 3D Systems 软件公司开发的一种普遍适用于现阶段快速成型设备的文件格式，STL 格式简单并且大多数计算机辅助设计系统能输出 STL 格式文件，通用性强；扫描仪也可以直接将点云数据保存为 STL 格式。

3. 模型前处理

　　在 SLA 打印的过程中，前处理的主要内容是确定摆放位置及角度、添加支撑和切片分层等，其中针对打印件的形状及性能等添加必要的支撑是非常重要的环节。

　　模型零件的摆放一般建议复杂特征面朝上，有弧面的工件水平摆放的台阶纹理非常明显，类似等高地形图，一般建议与平台底面成 45°或直立摆放，长形工件与刮刀一般垂直或斜 45°摆放。模型方向决定了支撑的位置和数量，合理摆放模型方向，确保美观度重要的展示面不会接触到支撑结构。

　　添加支撑的作用是使在液体树脂中固化的零件能够固定在打印平台上，保证打印稳定性及精度。一般情况下，悬臂角度小于35°就需要添加支撑来提高打印稳定性。

为了保证抽壳后的模型内腔的液态树脂顺利流出来，以减轻模型重量，降低模型制作成本，应在模型非重要面开工艺孔，开孔孔径与模型开孔面的大小有关，但一般建议最小孔径为3mm，具体要根据模型大小和具体结构进行设计，后处理结束后可以把工艺孔堵起来，可以用槽口进行定位，再经过适量的打磨就可以了。

3D打印的实质是分层制造，把零件按照特定层厚进行分割，按照每层轮廓逐层加工，最终合成完整零件。所以STL格式文件需要"切片"处理，及按照特定层厚进行分割，由于STL文件只是保存了零件表面信息，所以形成的是每层的轮廓，还需要对轮廓进行"填充"，按照设备设定的填充方案进行填充，形成每层激光的扫描路径。

4. 逐层打印

在正式打印时，SLA设备一般都需要提前启动，保证光敏树脂材料的温度达到预设的合理温度，然后将填充好的文件导入设备中，设定好激光功率、激光速率和预热温度等工艺参数即可开始零件的加工，整个打印过程均由设备控制系统控制，保证打印过程的稳定。

5. 零件后处理

从打印机托盘上用铲刀将模型和支撑整体取出，放入托盘容器。因为大部分SLA 3D打印机打印完成的模型都是完全浸泡在液态树脂原材料中的，所以当打印模型从打印机取出来时，模型被未固化的树脂完全覆盖。清洗过程可以使用超声波清洗机，简单高效。在超声波清洗机中加入异丙醇或者乙醇完全覆盖模型，打开清洗功能，几分钟时间就能将模型表面的树脂完全去除干净，得到光滑、干净的模型。

在模型打印过程中添加了大量支撑，需在后处理中去除，因为支撑与零件的接触点比较小，所以可以直接用手去除大部分支撑，个别的需要借助斜口钳等工具来去除。去除支撑结构的模型还没有达到模型最佳性能状态，所以需要放入紫外线固化箱内，固化10～15min，然后把模型翻转再次固化10min。

固化后的模型硬度得到很大提升，而在去除支撑的位置，留下的凸点需要打磨掉，这样就得到了一个完整的 SLA 3D 打印模型。打磨时砂纸需要蘸水，这样打磨的模型光洁度更高，效率更高。打磨完成后的零件看起来不能有任何层纹，根据要求可以对模型进行喷漆、电镀等。

四、立体光固化成型技术的材料

SLA 材料为光敏树脂，俗称紫外线固化无影胶，主要由聚合物单体与预聚体组成，其中加有光（紫外光）引发剂，或称为光敏剂。在一定波长（250～300nm）的紫外光照射下便会立刻引起聚合反应，完成固态化转换。用于 SLA 快速制造的光敏树脂应具备以下特点：黏度低、固化收缩小、固化速率快、溶胀小、光敏感性强和湿态强度高等。常用的光敏树脂材料主要有：环氧树脂、丙烯酸酯、Objet Polyjet 光敏树脂和 DSM Somos 系列光敏树脂。

环氧树脂是 3D 打印最常见的一种树脂。凡分子中含有环氧基团的高分子化合物统称为环氧树脂，其固化后具有良好的物理、化学性能，对金属和非金属材料的表面具有优异的粘接强度，介电性能良好，制品尺寸稳定，硬度高，对大部分溶剂稳定，因此也是被广泛使用的一种光敏树脂。

丙烯酸酯是由丙烯酸酯类、甲基丙烯酸酯类为主体，辅以功能性丙烯酸酯类及其他乙烯单体类，通过共聚合成的树脂。其色浅，涂膜性能优异，耐光、耐候性佳，耐热、耐化学品腐蚀。

Objet Polyjet 光敏树脂是接近 ABS 材料的光敏树脂，表面光滑细腻，是能够在一个单一的三维打印模型中结合不同的成型材料而制造（软硬结合、透明与不透明材料结合）的材料。

DSM Somos 系列光敏树脂应用于多种行业和领域。其中 WATERSHED 11120 是一种有类似 ABS 性能的透明树脂，易于打印，抗吸湿性能强，耐高温性能强，性能优秀。

五、立体光固化成型技术的应用

SLA 作为最早应用的快速成型技术，在概念设计、单件小批量精密铸造、产品模型等诸多方面应用，涉及航空航天、汽车、电器以及医疗等行业。

在航空航天领域，SLA 模型可直接用于风洞试验，进行可制造性、可装配性检验。航空航天零件往往是在有限空间内运行的复杂系统，在采用光固化成型技术以后，不但可以基于 SLA 原型进行装配干涉检查，还可以进行可制造性讨论评估，确定最佳制造工艺。

汽车生产的特点就是产品的多型号、短周期。为了满足不同的生产需求，就需要不断地改型。虽然现代计算机模拟技术不断完善，可以完成各种动力、强度、刚度分析，但研究开发中仍需要做成实物以验证其外观形象、工装可安装性和可拆卸性。对于形状、结构十分复杂的零件，可以用 SLA 技术制作零件原型，以验证设计人员的设计思想，并利用零件原型做功能性和装配性检验。

SLA 技术还可在发动机的试验研究中用于流动分析。流动分析技术用来在复杂零件内确定液体或气体的流动模式。将透明的模型安装在一简单的试验台上，中间循环某种液体，在液体内加一些细小粒子或细气泡，以显示液体在流道内的流动情况。该技术已成功地用于发动机冷却系统（气缸盖、机体水箱）、进排气管等的研究。问题的关键是透明模型的制造，用传统方法时间长、花费大且不精确，而用 SLA 技术结合 CAD 造型仅仅需要 4 ～ 5 周的时间，且花费只为之前的 1/3，制作出的透明模型能完全符合机体水箱和气缸盖的 CAD 数据要求，模型的表面质量也能满足要求。

SLA 技术为不能制作或难以用传统方法制作的人体器官模型提供了一种新的方法，基于 CT 图像的光固化成型技术是假体制作、复杂外科手术的规划、口腔颌面修复的有效方法。目前在生命科学研究的前沿领域出现的一门新的交叉学科——组织工程是光固化成型技术非常有前景的一个应用方向。基于 SLA 技术可以制作具有生物活性的人工骨支架，该支架具有很好的力学性能和与细胞的生物相容性，且有利于成骨细胞的黏附和生长。

任务一

3D 打印手柄零件

 任务布置

手柄零件是某品牌蓝牙耳机上的配件，共两个零件，如图 2.3 所示。该零件表面质量精度要求较高，有很多细小的卡扣部位要起到连接固定的作用，因此使用 SLA 技术进行打印，打印材料为液态光敏树脂。本任务主要学习 Magics 软件导入零件、指定底平面和摆放的方法，能根据零件的特点合理设置支撑并且进行切片处理，学习光固化 3D 打印机的操作流程和参数的设置，熟悉零件后处理的方法。

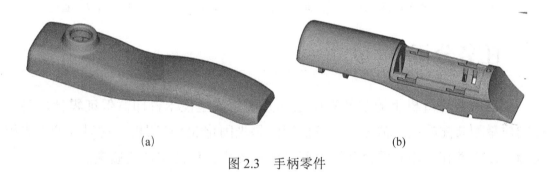

(a)　　　　　　　　　　　　　　　　(b)

图 2.3　手柄零件

 任务目标

一、知识目标

理解立体光固化成型技术的原理；
掌握 3D 打印技术实验室安全操作规范的内容；
掌握用 Magics 软件进行手柄零件指定底平面、位置平移、摆放、合并零件、生成支撑及切片处理等的方法；

掌握用 BPCustomer 软件对零件模型进行打印前参数设置的方法；

理解立体光固化成型技术打印机的参数功能含义；

掌握立体光固化 3D 打印机操作和零件后处理的方法。

二、技能目标

能使用 Magics 软件设置手柄零件的底平面、摆放、生成支撑及切片处理；

能够遵守实验室的安全操作规范，正确操作光固化 3D 打印机设备进行打印机参数设置，并完成打印；

能完成零件的后处理；

能够完成打印机日常清扫与保养。

三、素养目标

打印过程中，通过对企业 6S 管理规范的执行，培养良好的职业规范意识（工服、防护用品、工具箱和工作台整洁等），工作现场达到企业 6S 管理的要求；在对零件模型的修复和打印过程中，通过对零件质量的要求，培养产品质量意识。

 任务分析

某品牌蓝牙耳机上的配件采用立体光固化成型技术打印，保证零件成品表面的质量和装配的配合精度。设备使用的是光固化 3D 打印机，材料为液态光敏树脂。该零件在打印时要合理设置底平面和支撑，保证零件的质量。

 任务实施

一、手柄零件 3D 模型处理

1. Magics 软件处理

（1）打开 Magics21.0 软件，单击【文件】—【加载】—【导入零件】，选择"手柄"零件文件 1 和 2（注意零件模型文件为 STL 格式）。

（2）单击工具栏中的【位置】—【底/顶平面】按钮，弹出对话框，以该零件光滑的外表面朝向工作台方向为宜，单击【指定面】，鼠标选择零件1和2的底平面，单击"确定"，如图2.4所示。

如果两个零件导入后重叠在一起，单击【平移】按钮，使用鼠标左键单击零件的坐标轴任意移动即可。

（3）单击工具栏中的【位置】—【自动摆放】按钮，弹出对话框，选择【平台的中心】，单击"确定"，零件1和2自动摆放到平台中心位置，如图2.5所示。

（4）单击工具栏中的【工具】—【平移】按钮，弹出对话框，使用鼠标左键单击任意一个零件的红色X坐标轴，向旁边移动一些，使两个零件保持适当的距离，如图2.6所示。

（5）单击软件右侧【零件工具页】的三角图标按钮▼展开内容，将两个零件都勾选好，按住【Ctrl】+鼠标左键选中两个零件的信息内容，单击工具栏中的【工具】—【合并零件】按钮，两个零件便合并为了一个，如图2.7所示。

（6）单击工具栏中的【生成支撑】—生成支撑按钮，零件自动生成支撑，如图2.8所示。需要注意，检查零件的支撑是否有过多的交叉，如果有可以在【支撑参数页】—【2D修剪】的界面进行修改，防止零件在打印时支撑出现错误或其他问题。

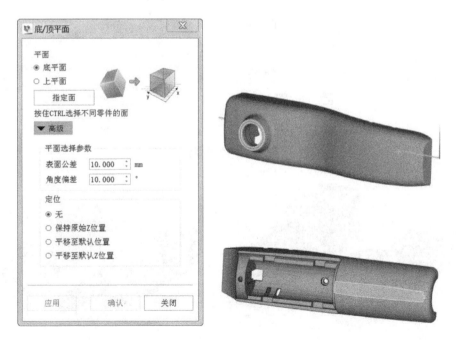

图2.4　指定底面

(a)

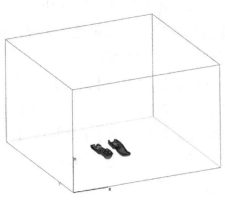

(b)

图 2.5 指定零件的位置

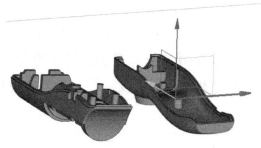

图 2.6 移动零件

(a)

(b)

图 2.7 合并零件

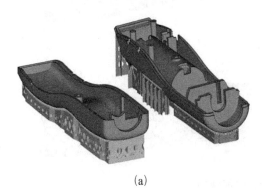

(a)

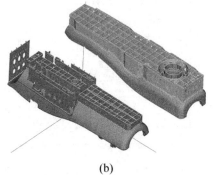

(b)

图 2.8 生成支撑

（7）支撑的参数一般默认即可，有需要可以自行修改，单击工具栏中的【退出 SG】按钮，弹出对话框单击"NO"，不需保存支撑。

（8）单击工具栏中的【切片】—【切片所有】按钮，弹出对话框，在【切片文件夹】处设置保存的位置，在【支撑参数】位置处勾选上"包含支撑"，其余参数根据需要设置即可，单击"确定"，软件对手柄零件和支撑进行切片，生成两个格式为 CLI 的文件，如图 2.9 所示。

图 2.9　切片处理

2. BPCustomer 软件处理

打开光固化 3D 打印机的专用处理软件 BPCustomer（不同的设备对应的专用软件是不一样的），弹出对话框，单击【Load Parts】按钮，导入 Magics 软件在上步骤做好的两个格式为 CLI 的切片文件，在右侧【Para Name】处单击三角图标，选择"8360"型号设备的打印工艺包，其中包括打印的材质、零件和支撑硬度等参数内容，这些参数可以自行设置或者请厂家调试设置，在此不赘述。再单击下面的【Create】按钮，选择保存生成的文件位置，单击保存即可。生成的文件格式为 USP，将该文件拷贝到打印机中去即可进行打印操作，如图 2.10所示。

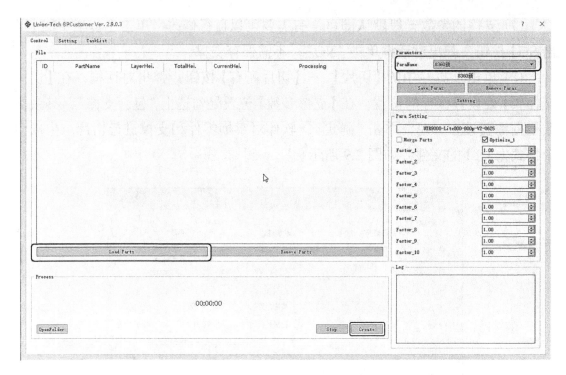

(a)

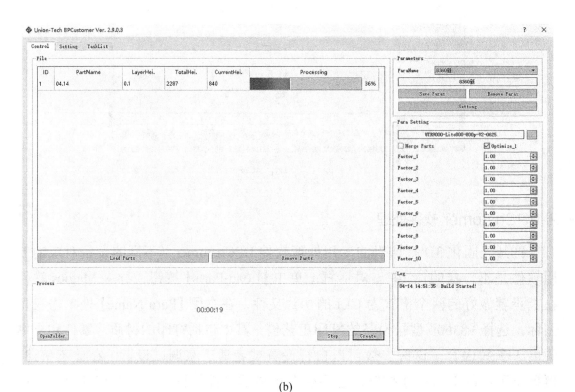

(b)

图 2.10　BPCustomer 软件界面

二、3D 打印手柄零件模型

1. 打印准备

使用的打印设备为立体光固化 3D 打印机，如图 2.11 所示。打印材料为液态光敏树脂，该设备依靠 SLA 工艺，以特定波段的光照射光敏树脂材料，逐层打印堆积成型。

图 2.11　立体光固化 3D 打印机

2. 打印的操作步骤

（1）启动 3D 打印机预热设备，将处理好的零件模型文件拷贝到打印机的电脑中，使用打印机自带的软件导入文件。

（2）清理打印机的刮刀，检查刮刀和液态光敏树脂是否有杂质，使用刮刀将液态光敏树脂表面刮平准备打印，如图 2.12 所示。

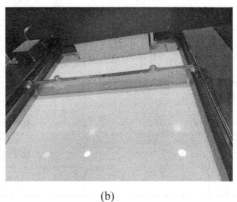

(a)　　　　　　　　　　　　　　(b)

图 2.12　清理刮刀

（3）设置打印机的参数，详见表2.1，打印机的设置页面如图2.13所示，对于同一种打印材料一般打印机的参数基本都通用，根据打印情况自行微调。

表2.1　打印机参数

序号	参数名称		参数值
1	刮刀	起刮高度 /mm	4.5
		刮平次数	1
2	Z 轴	加工高度 /mm	−0.5
		下沉高度 /mm	5
		完成下降高度 /mm	4
		完成上升高度 /mm	−140
3	延时	Z 沉降结束 /s	9
		扫描结束 /s	3
		下沉等待 /s	2
		刮平结束 /s	3
		制作结束 /s	10
		沉降结束起刮前 /s	0
4	功率检测	检测模式—固定功率 /W	324
5	温度控制	设定温度 /℃	30
6	填充模式	模式	X-Y
		扫描线间距 /mm	0.08
7	树脂	DP	0.165
		EC	11.5
8	尺寸比例	X 向	1.0027
		Y 向	1.0026
9	速度	支撑过固化 / (mm/s)	0.26
		轮廓过固化 / (mm/s)	0.2
		填充过固化 / (mm/s)	0.18
		速度比例 / (mm/s)	1

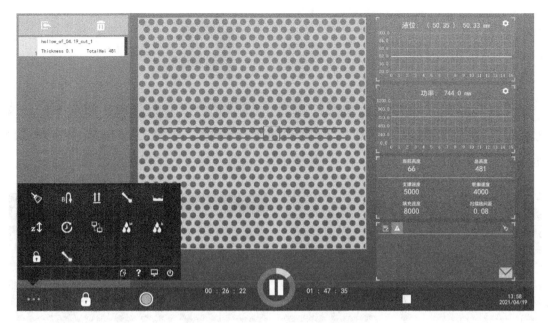

图 2.13　打印机参数设置页面

（4）设置好打印的参数后，单击软件下方中间的三角形按钮开始打印，预估打印时间为 2h 左右。在打印刚开始时随时检查打印的情况，有问题随时修改，如图 2.14 所示。

图 2.14　打印零件

三、手柄零件模型的后处理

1. 取零件

零件打印完成后静置一会儿，操作员使用铲子在工作台表面轻铲零件的支撑，将零件小心取出，注意保护零件的脆弱部位，避免零件损坏，如图 2.15 所示。

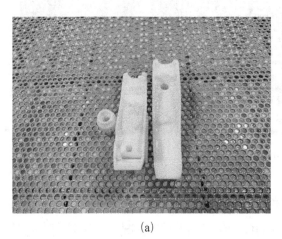
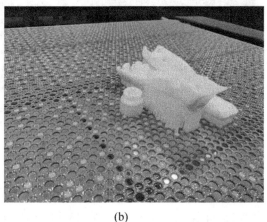

(a)　　　　　　　　　　　　　　　　(b)

图 2.15　取零件

2. 去除零件支撑

将零件支撑较多的部位放入浓度为 75% 的乙醇中浸泡一会儿，待支撑泡软一些后再手动去除零件支撑，可以借助铲子、砂纸等工具，注意保护零件脆弱部位避免损坏，如图 2.16 所示。

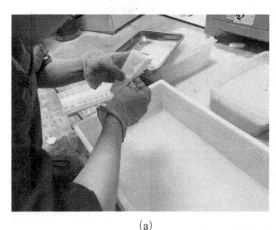
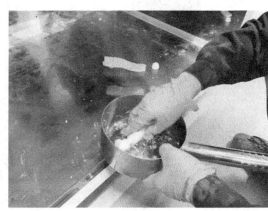

(a)　　　　　　　　　　　　　　　　(b)

图 2.16　去除零件支撑

3.光固化处理

因为零件在打印完成后表面仍有部分液态光敏树脂未完全固化，所以使用光固化机对零件进行光固化处理，提高零件表面的硬度和质量，时间约为10min，如图2.17所示。

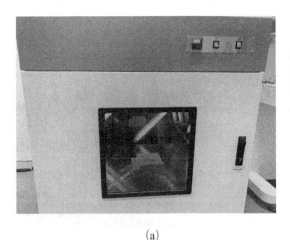 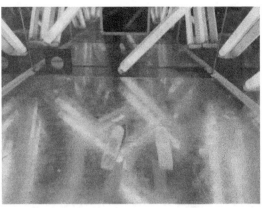

(a)   (b)

图2.17　光固化处理

4.零件的打磨

如果零件表面仍有粗糙的部位，可以使用细砂纸进行打磨，再配合使用乙醇清洗等处理。

四、零件的检测

将零件送到检测室检测零件的尺寸精度，不合格的查找原因修改后重新打印，精度合格则出库即可。成品见图2.18。

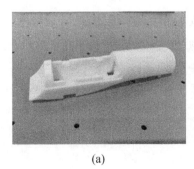 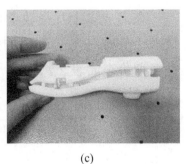

(a)   (b)   (c)

图2.18　零件的成品

五、检查打印机

打印机在使用后，及时检查液态光敏树脂的存量，不足时补充，检查液态树脂是否有杂质（及时清理），再次清理刮刀，让打印机处于正常的工作状态，为下次打印做好准备工作。检查打印机见图2.19。

(a)   (b)

图 2.19　检查打印机

六、清扫设备和实验室

（1）将打印机内、外部位擦拭干净，工量具和相关物品摆放整齐。

（2）将实验室的场地清扫干净，地面、桌面应无粉尘，关好门窗，断开设备电源。

🏆 任务评价

在完成以上几个教学环节的基础上，对本任务做总结，针对学生完成任务情况，完成任务过程中的规范性、态度、参与度、协作能力等方面进行评价，任务评价表如表2.2所示。

表2.2　任务一评价表

任务名称			手柄零件			评价日期	
姓名		班级					
		学号					
评价项目	考核内容	考核标准		配分	小组评分	教师评分	总评
任务完成情况评定（80分）	任务分析	正确率 100%　　5 分 正确率 80%　　4 分 正确率 60%　　3 分 正确率 < 60%　　0 分		5 分			
	制定方案	合理　　10 分 基本合理　　6 分 不合理　　0 分		10 分			
	模型处理	参数设置正确　　20 分 参数设置不正确　　0 分		20 分			
	3D 打印成型	操作规范、熟练　　10 分 操作规范、不熟练　　5 分 操作不规范　　0 分		30 分			
		加工质量符合要求　　20 分 加工质量不符合要求　　0 分					
	后处理	处理方法合理　　5 分 处理方法不合理　　0 分		15 分			
		操作规范、熟练　　10 分 操作规范、不熟练　　5 分 操作不规范　　0 分					
职业素养（20分）	劳动保护	按规范穿着工装，穿戴防护用品		每违反一次扣 5 分，扣完为止			
	纪律	不迟到、不早退、不旷课、不吃喝、不游戏打闹、不玩手机					
	表现	积极、主动、互助、负责、有改进精神、有创新精神					
	6S 规范	是否符合 6S 管理要求					
总分							
学生签名		组长签名			教师签名		

应用创新：3D 打印技术应用于"抗疫"

2020 年，新型冠状病毒肺炎疫情成为全球性灾难，口罩等防护用品成了防疫的必需品，国内一些公司开始启动采用 3D 打印技术进行口鼻分离口罩批量生产的计划。

传统的制作周期需要根据产品的 3D 图纸以及制作要求，比如材料、加工方式、数量、表面处理工艺等而定，一般情况下需 3～5 天，如果结构比较复杂，加工难度大，时间会长一些。但是形势刻不容缓。

某公司利用自身 SLA-3D 打印机快速成型的优势，摒弃传统的制作步骤，使用 3D 打印技术对设计模型效果进行验证。从模型开始打印到下机，再到后处理完成，仅仅用了 4 个多小时，便完成了传统制作几天的工作量，时间压缩至原先 1/10 甚至更少。通过 3D 打印的模型进行反复验证，最终敲定口鼻分离口罩 3D 图纸，并进行开模。从产品设计到模型验证，再到批量生产，仅仅用了 16 天，尤其在模型验证阶段，反复验证多次仅仅用了一天不到的时间。而如果采用传统方式，可能半个月都拿不下来。

3D 打印技术最突出的优点是不需机械加工或任何模具，就能直接从计算机图形数据中生成任何形状的零件，从而极大地缩短产品的研制周期，提高生产率，降低生产成本。与传统技术相比，通过摒弃生产线而降低了成本，大幅减少了材料浪费。

3D 打印技术经过长时间的沉淀，已经越发成熟，重新定义了创意设计，对于工业设计、艺术设计都可以算得上革命性的进步，也将继续突破，为各行业带来更大的变化。

任务二

3D 打印气道零件

任务布置

气道零件是某机械装备上的重要零件，如图 2.20 所示，该零件内部的气道表面质量精度要求较高，且内部轮廓复杂，因此使用光固化成型技术进行打印，打印材料为液态光敏树脂。本任务主要学习 Magics 软件对零件模型的处理方法，掌握使用液态光敏树脂材质打印零件时设置支撑和零件摆放的注意事项，掌握光固化 3D 打印机的操作流程和参数的设置，熟悉零件后处理的方法。

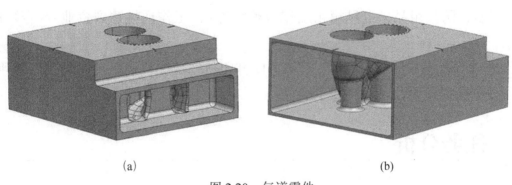

(a)   (b)

图 2.20 气道零件

任务目标

一、知识目标

理解立体光固化成型技术（SLA）的原理；

掌握 3D 打印技术实验室安全操作规范的内容；

掌握用 Magics 软件进行气道零件指定底平面、位置摆放、添加支撑及切片处理等的方法；

掌握用 BPCustomer 软件完成对零件模型打印前参数的设置方法；

理解立体光固化成型技术（SLA）打印机参数功能含义；

掌握立体光固化 3D 打印机操作和零件后处理的方法。

二、技能目标

能使用 Magics 软件进行气道零件指定底平面、位置摆放、添加支撑及切片处理；

能够遵守实验室的安全操作规范，正确操作光固化 3D 打印机设备进行打印机参数设置，并完成打印；

能完成零件的后处理；

能够完成打印机日常清扫与保养。

三、素养目标

打印过程中，通过对企业 6S 管理规范的执行，培养良好的职业规范意识（工服、防护用品、工具箱和工作台整洁等），工作现场达到企业 6S 管理的要求；

通过对气道零件模型打印，了解 3D 打印新技术在科技生产中的创新应用，对科技创新的重要性有更深的了解。

任务分析

本任务中的企业某装备上的气道零件采用光固化成型技术打印，保证零件成品的质量和精度。使用的设备是立体光固化 3D 打印机，材料为液态光敏树脂。该零件在打印时要考虑支撑设置方式和摆放形式，保证零件内部气道表面的质量精度。

任务实施

一、气道零件 3D 模型处理

1. Magics 软件处理

（1）打开 Magics21.0 软件，单击【文件】—【加载】—【导入零件】，选择"气道"零件文件（注意零件模型文件为 STL 格式）。

（2）单击工具栏中的【位置】—【底／顶平面】按钮，弹出对话框，单击【指定】平面，鼠标选择零件的底平面，单击"确定"，零件将该平面定为底面，如图 2.21 所示。

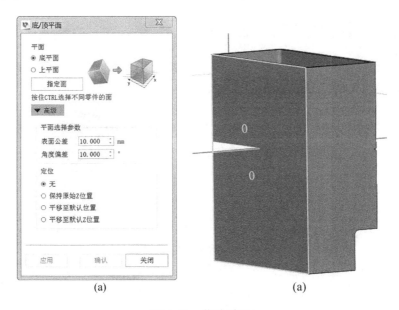

图 2.21　指定底面

（3）单击工具栏中的【位置】—【自动摆放】按钮，弹出对话框，选择【平台的中心】，单击"确定"，零件自动摆放到平台中心位置，如图 2.22 所示。

（4）单击工具栏中的【工具】—【旋转】按钮，弹出对话框，在【旋转角度】—X 处输入"25"，Y 处输入"30"，单击"应用"，零件进行旋转，如图 2.23 所示。旋转零件是为了在打印时让液态光敏树脂能随时从零件内部流出，不留在其内部，更好地保证打印质量。

（5）单击工具栏中的【生成支撑】—生成支撑按钮，零件自动生成支撑，如图 2.24 所示。需要注意，为了保证零件内部气道表面的质量精度，在气道内可以有少量支撑。如果支撑过多，可以退出支撑界面卸载支撑，手动对零件的 X Y 角度旋转微调一下，再重新生成支撑即可，如图 2.25 所示。

（6）零件自动生成的支撑强度较弱，不足以支撑零件，打印时易出现问题，因此在零件的下表面适当增加线支撑，提高其支撑的强度。

（7）单击工具栏中的【添加线支撑】按钮，鼠标在零件底面靠近支撑附近画两条直线，注意直线不要交叉，保持适当的间隙，直线画完后单击鼠标右键即可生成线支撑。在零件的左侧面同理增加两条线支撑，如图 2.26 所示。

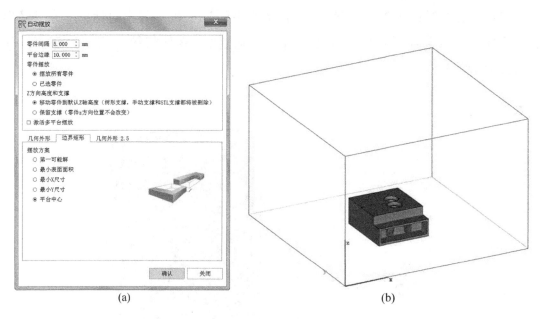

(a)　　　　　　　　　　　　(b)

图 2.22　指定零件的位置

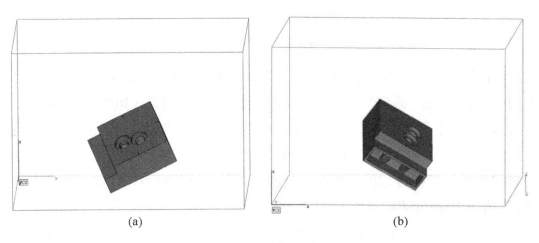

(a)　　　　　　　　　　　　(b)

图 2.23　旋转零件

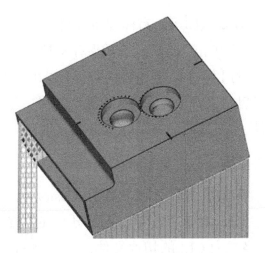

图 2.24　生成支撑

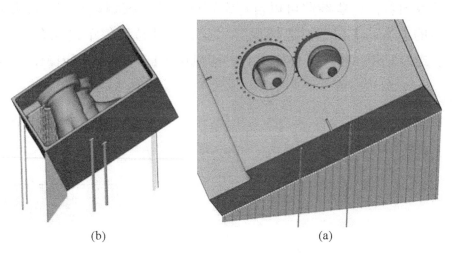

(b)　　　　　　　　　　　　(a)

图 2.25　气道内部的支撑

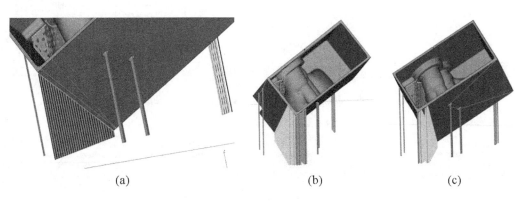

(a)　　　　　　　　　(b)　　　　　　　(c)

图 2.26　添加线支撑

（8）支撑的参数一般默认即可，有需要可以自行修改，单击工具栏中的【退出 SG】按钮，弹出对话框单击"NO"，不需保存支撑。

（9）单击工具栏中的【切片】—【切片所有】按钮，弹出对话框，在【支撑参数】位置处勾选上"包含支撑"，其余参数默认即可，单击"确定"，软件对气道零件和支撑进行切片，生成两个格式为 CLI 的文件。

2. BPCustomer 软件处理

打开光固化 3D 打印机的专用处理软件 BPCustomer（不同的设备对应的专用软件是不一样的），弹出对话框，单击【Load Parts】按钮，导入 Magics 软件在上步骤做好的两个格式为 CLI 的切片文件，在右侧【Para Name】处单击三角图标，选择"8360"型号设备的打印工艺包，其中包括打印的材质、零件和支撑硬度等参数内容，这些参数可以自行设置或者请厂家调试设置，在此不赘述。单击下面的【Create】按钮，选择保存生成的文件位置，单击保存即可。生成的文件格式为 USP，将该文件拷贝到打印机中去即可进行打印操作，如图 2.27 所示。

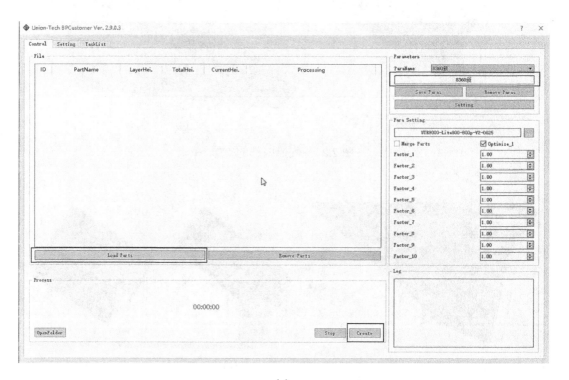

(a)

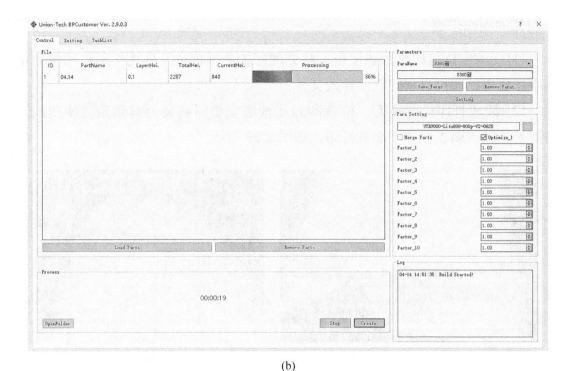

(b)

图 2.27　BPCustomer 软件界面

二、3D 打印气道零件模型

1. 打印准备

使用的打印设备为立体光固化 3D 打印机，如图 2.28 所示。打印材料为液态光敏树脂，该设备主要是依靠 SLA 工艺，用特定波段的光照射光敏树脂材料，逐层打印堆积成型。

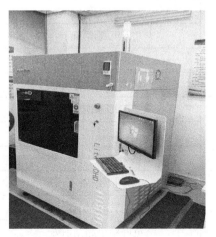

图 2.28　立体光固化 3D 打印机

2. 打印的操作步骤

（1）启动 3D 打印机预热设备，将处理好的零件模型文件拷贝到打印机的电脑中，使用打印机自带的软件导入文件。

（2）清理打印机的刮刀，检查刮刀和液态光敏树脂是否有杂质，使用刮刀将液态光敏树脂表面刮平准备打印，如图 2.29 所示。

（a）   （b）

图 2.29　清理刮刀

（3）设置打印机的参数，详见表 2.3，打印机的设置页面如图 2.30 所示。对于同一种打印材料，一般打印机的参数基本都通用，根据打印情况自行微调。

表2.3　打印机参数

序号	参数名称		参数值
1	刮刀	起刮高度 /mm	4.5
		刮平次数	1
2	Z轴	加工高度 /mm	−0.5
		下沉高度 /mm	5
		完成下降高度 /mm	4
		完成上升高度 /mm	−140
3	延时	Z沉降结束 /s	9
		扫描结束 /s	3
		下沉等待 /s	2
		刮平结束 /s	3
		制作结束 /s	10
		沉降结束起刮前 /s	0

序号	参数名称		参数值
4	功率检测	检测模式—固定功率 /W	324
5	温度控制	设定温度 /℃	30
6	填充模式	模式	X-Y
		扫描线间距 /mm	0.08
7	树脂	DP	0.165
		EC	11.5
8	尺寸比例	X 向	1.0027
		Y 向	1.0026
9	速度	支撑过固化 / (mm/s)	0.26
		轮廓过固化 / (mm/s)	0.2
		填充过固化 / (mm/s)	0.18
		速度比例 / (mm/s)	1

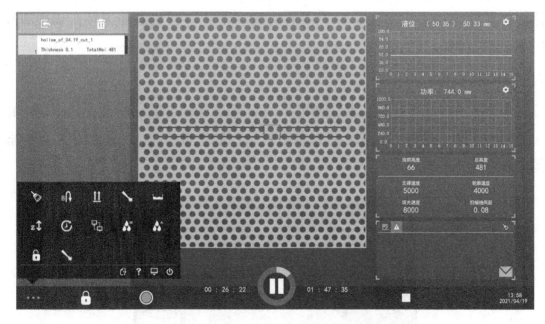

图 2.30 打印机参数设置页面

（4）设置好打印的参数后，单击软件下方中间的三角形按钮开始打印，预估打印时间为 2h 左右。在打印刚开始时随时检查打印的情况，有问题随时修改，如图 2.31 所示。

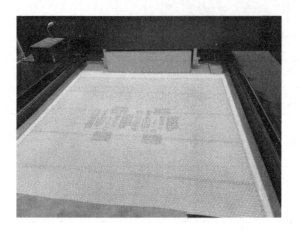

图 2.31　打印零件

三、气道零件模型的后处理

1. 取零件

零件打印完成后静置一会儿，操作员使用铲子在工作台表面轻铲零件的支撑，将零件小心取出，注意保护零件的脆弱部位，避免零件损坏，如图 2.32 所示。

2. 去除零件支撑

将零件支撑较多的部位放入浓度为 75% 的乙醇中浸泡一会儿，待支撑泡软一些后再手动去除零件支撑。可以借助铲子、砂纸等工具，注意保护零件脆弱部位避免损坏，如图 2.33 所示。

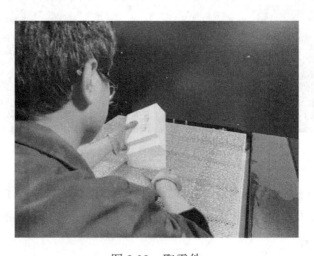

图 2.32　取零件

图 2.33　去除零件支撑

3. 光固化处理

因为零件在打印完成后表面仍有部分液态光敏树脂未完全固化，所以使用光固化机对零件进行光固化处理，提高零件表面的硬度和质量，时间约为10min，如图 2.34 所示。

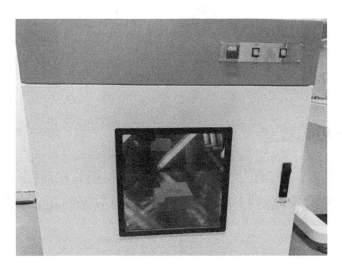

图 2.34　光固化处理

4. 零件的打磨

如果零件表面仍有粗糙的部位，可以使用细砂纸进行打磨，再配合使用乙醇清洗等方法处理。

四、零件的检测

将零件送到检测室检测零件的尺寸精度，不合格的查找原因修改后重新打印，精度合格则出库即可。

五、检查打印机

打印机在使用后，及时检查液态光敏树脂的存量，不足时补充，检查液态树脂是否有杂质（及时清理），再次清理刮刀，让打印机处于正常的工作状态，为下次打印做好准备工作。检查打印机见图 2.35。

(a)

(b)

图 2.35　检查打印机

六、清扫设备和实验室

（1）将打印机内、外部位擦拭干净，工量具和相关物品摆放整齐。

（2）将实验室的场地清扫干净，地面、桌面应无粉尘，关好门窗，断开设备电源。

任务评价

在完成以上几个教学环节的基础上，对本任务做总结，针对学生完成任务情况，完成任务过程中的规范性、态度、参与度、协作能力等方面进行评价，任务评价表如表 2.4 所示。

表2.4 任务二评价表

任务名称		气道零件					
姓名		班级		评价日期			
		学号					
评价项目	考核内容	考核标准		配分	小组评分	教师评分	总评
任务完成情况评定（80分）	任务分析	正确率100% 5分 正确率80% 4分 正确率60% 3分 正确率＜60% 0分		5分			
	制定方案	合理 10分 基本合理 6分 不合理 0分		10分			
	模型处理	参数设置正确 20分 参数设置不正确 0分		20分			
	3D打印成型	操作规范、熟练 10分 操作规范、不熟练 5分 操作不规范 0分		30分			
		加工质量符合要求 20分 加工质量不符合要求 0分					
	后处理	处理方法合理 5分 处理方法不合理 0分		15分			
		操作规范、熟练 10分 操作规范、不熟练 5分 操作不规范 0分					
职业素养（20分）	劳动保护	按规范穿着工装，穿戴防护用品		每违反一次扣5分，扣完为止			
	纪律	不迟到、不早退、不旷课、不吃喝、不游戏打闹、不玩手机					
	表现	积极、主动、互助、负责、有改进精神、有创新精神					
	6S规范	是否符合6S管理要求					
总分							
学生签名		组长签名		教师签名			

拓展延伸

科技创新实验：首次实现多种 3D 打印技术太空在轨验证

新一代载人飞船实验船在轨飞行完成了多项空间科学实验和技术试验，其中包括多种 3D 打印技术的太空在轨验证，以及几十件产品的性能检验。

"在轨精细成型实验装置"成功克服太空失重环境导致的打印材料流变行为，创新采用立体光刻 3D 打印技术对金属 / 陶瓷复合材料进行了微米级精度的在轨制造，为我国未来在轨制造零件提供了技术储备。开展复合材料空间 3D 打印技术研究，对于未来空间站长期在轨运行、发展空间超大型结构在轨制造具有重要意义。

？习题

一、选择题

1. SLA 技术使用的原材料是（　　）。

A. 光敏树脂　　B. 粉末材料　　　　C. 高分子材料　　　　D. 金属材料

2. 3D 打印技术最早出现的是（　　）。

A. SLA　　　　B. FDM　　　　C. 3DP　　　　D. LOM

3. 以下（　　）不是 SLA 的含义。

A. 立体光固化成型法　　　　B. 立体光刻

C. 激光烧结　　　　D. 光成型

4. （　　）不是 SLA 工艺的优点。

A. 成型精度高

B. 表面质量好

C. 可以生产尺寸精度非常高，细节复杂的零件

D. 不需要大量支撑

5. 目前 3D Systems 软件公司开发的一种普遍适用于现阶段快速成型设备的文件格式是（　　）。

A. Sla 格式　　　　B. STL 格式

C. TTL 格式　　　　D. prt 格式

二、填空题

1. Magics 软件是完成打印前的（　　　　　　）。

2. 某品牌蓝牙耳机上的手柄零件配件模型使用 SLA 技术打印步骤主要包括
（　　　　　）、（　　　　　　）、（　　　　　　）、（　　　　　　）、（　　　　　　）。

3. 项目任务中气道零件打印设备为光固化 3D 打印机，打印材料为
（　　　　　　），该设备主要是依靠 SLA 工艺，用特定波段的（　　　　　）光敏
树脂材料，逐层打印堆积成型。

4. SLA 技术模型的后处理主要包括（　　　　　　）、（　　　　　　）、
（　　　　　　）、（　　　　　　）等步骤。

5. Magics 常 用 于（　　　　　　）、（　　　　　　）、（　　　　　　）、
（　　　　　　）等环节。

三、简答题

1. 画出 SLA 成型工艺流程，并解释步骤含义。

2. 简述 SLA 工艺的优缺点。

3. 简述 SLA 成型工艺原理。

项目三

选择性激光烧结技术（SLS）

项目
导入

选择性激光烧结（selective laser sintering,SLS）成型技术又称为粉末烧丝技术。这种工艺方法最初是由美国得克萨斯大学奥斯汀分校的CarlDeckard于1986年提出的,1988年成功研制出第一台SLS样机,并获得该项技术的发明专利。1992年,SLS技术授权给了美国DMT公司（已并入美国的3DSystems公司）,后者逐步实现了SLS技术商业化。目前国外市场上美国的3DSystems和德国的EOS是两家最大的SLS系统及其成型材料的生产供应商。SLS技术涉及计算机辅助设计（CAD）、计算机辅助制造（CAM）、激光技术、材料科学、计算机数字控制（CNC）等多学科的先进科学技术。该技术因其工艺简单、原料来源广、制造成本低等优点而被广泛应用于生物技术、工程材料、航空航天等领域。采用先进的选择性激光烧结技术能够实现模具的快速制造和特定工程器件的制备。SLS技术广泛应用于新产品的研制、快速制模、复杂熔模和砂芯的制造、医学（如人工移植器官的个性化制造、医疗卫生方面的临床辅助诊断）、艺术品制造等领域。此外,在生物医学领域人工骨骼的制备已经成为新兴课题之一,凭借选择性激光烧结技术可以实现人工肢体的模拟和快速制备,以克服人工骨骼不匹配、来源少等缺陷。利用选择性激光烧结技术实现金属零件和模具的快速制造具有广阔的应用前景,也是目前材料加工与成型制造的研究热点。本项目将介绍SLS技术的工艺原理、工艺特点、工艺过程、应用领域和发展方向。

项目
目标

1. 了解选择性激光烧结技术（SLS）的基本知识；

2. 熟悉选择性激光烧结技术（SLS）的工艺特点及工艺流程；

3. 能对零件模型进行打印前的处理；

4. 能操作使用打印机并设置打印机参数,进行模型打印；

5. 能对打印的模型进行后处理操作；

6. 能够完成SLS打印机日常清扫与保养。

一、选择性激光烧结技术的原理

SLS 技术使用的是粉末状材料，激光在计算机的控制下按照给定形状对粉末进行照射而实现材料的粘接，材料层层堆积实现最终模型。

首先，在计算机中建立所要制作的 CAD 模型，然后用分层软件对其进行处理，得到每一加工层面的数据信息。成型时，设定好预热温度、激光功率、扫描速度、扫描路径、单层厚度等工艺条件，先在工作台上用辊筒铺一层粉末材料，由激光器发出的激光束在计算机的控制下，根据截面的 CAD 数据对粉末层进行扫描，在激光照射的位置上，粉末材料被烧结在一起，未被激光照射的粉末仍呈松散状，作为成型件和下一层粉末的支撑；一层烧结完成后，工作台下降一截面层的高度，再进行下一层铺粉、烧结，新的一层和前一层自然地烧结在一起，全部烧结完成后除去未被烧结的多余粉末，便得到所要制作的零件。选择性激光烧结工艺原理如图 3.1 所示。

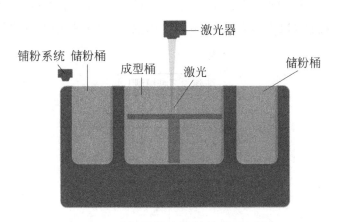

图 3.1 选择性激光烧结技术的原理

二、选择性激光烧结技术的特点

1. 优点

（1）材料适用广。选择性激光烧结可使用的材料包括高分子、金属、陶瓷、石膏、尼龙等多种粉末材料。

（2）制造工艺简单。可用材料众多，只需有三维模型即可生产出复杂结构的零件，且后处理根据材料的不同略有不同，但均比较简单。

（3）精度高。一般能够达到整体范围内 0.05 ～ 0.25mm 的公差。

（4）支撑结构少。烧结过程中零件的悬空部分可由未烧结的粉末材料来支撑，所以只需添加少量支撑用于防止零件变形或者提高悬空部分的质量。

（5）材料利用率高。由于不需要支撑和底座，且未烧结部分材料未受影响，可以反复利用，是 3D 打印技术中材料利用率最高的。

2. 缺点

（1）烧结过程有异味。选择性激光烧结工艺中激光需要将粉末材料加热至熔化状态，高分子材料在熔化过程中会产生异味。

（2）无法直接成型高性能的金属及陶瓷等零件。

（3）零件收缩。尼龙和其他粉末材料在烧结后会产生收缩，收缩是由很多因素导致的，包括粉末的种类、烧结激光能量、零件形状和冷却过程。

三、选择性激光烧结技术的工艺流程

一个典型的 SLS 3D 打印过程包括：建立三维模型，STL 格式转换，模型处理、分层切片，逐层打印，零件后处理。SLS 成型工艺流程如图 3.2 所示。

图 3.2　选择性激光烧结技术的工艺流程

1. 建立三维模型

应用三维软件绘制出模型，目前主流的三维设计软件有 NX、Solidworks、Pro/ENGINEER 等，这些设计软件均为正向设计，获取三维模型的方式也可以为逆向，通过三维反求设备对实物进行三维扫描获得反求数据而生成三维模型。

2. STL 格式转换

对于已设计的三维模型零件，调用软件系统中所带的 STL 格式的文件生成格式模块，将构造的三维模型转化为 STL 格式文件，准备进行分层处理。STL 格式文件实质就是用无数多个细小的三角形来近似代替并且还原原来的三维 CAD 模型，目前已普遍被快速成型设备接受，成为快速成型行业数据的一个标准。

3. 模型处理、分层切片

3D 打印的实质是分层制造，把零件按照特定层厚进行分割，按照每层轮廓逐层加工，最终合成完整零件。所以 STL 格式文件需要"切片"处理，在计算机软件中对制件模型进行切片处理及按照特定层厚进行分割，得到分层截面，并将该层信息转化为激光扫描时的轨迹。

4. 逐层打印

在逐层打印阶段，由于粉末烧结是材料在较高的熔化温度下进行的，为了提高烧结效率和改善烧结质量，要对成型空间进行预热。在预热阶段，根据原型的结构特点确定摆放方位。摆放方位确定后，按照确定的工艺参数自动完成对原型烧结件的所有切片层的烧结和堆积。

在活塞型工作台面上用辊筒铺上一层复合粉末材料，粉层的厚度与对应模型切片层的厚度相等，并加热至略低于它的熔化温度（一般低于熔化温度 2～3℃）。激光束在计算机的控制下，按照截面轮廓的信息，对粉末进行扫描。激光扫描到的区域，粉末的温度升至熔化点，于是粉末颗粒交界处熔化，相互黏结，即被烧结；未被扫描到的区域，粉末还是松散状态，作为工件和下一层粉末的支撑。扫描完一层后，活塞工作台下降一截面层的高度，再进行下一层的铺粉和烧结，如此循环，当所有层叠自动烧结叠加完毕，需要将原型在成型缸中缓慢冷却至40℃以下，取出原型并进行后处理。

5. 零件后处理

选择性激光烧结（SLS）3D 打印后，根据不同材料坯体和不同的性能要求，可采用的后处理方法有：

（1）高温烧结。金属和陶瓷坯体均可用高温烧结的方法进行处理。将成型件放入温控炉中，先在一定温度下脱掉黏结剂，然后升高温度进行高温烧结，经高温烧结后，内部孔隙减少，密度、强度增加，性能也得到改善。

高温烧结后处理后，由于制件内部空隙减少会导致体积收缩，影响制件的尺寸精度。炉内温度梯度不均匀，会造成制件各个方向收缩不一致而发生翘曲变形。

（2）热等静压。金属和陶瓷坯体均可采用热等静压后处理。热等静压烧结是通过流体介质将高温、高压同时均匀地作用于坯体表面，温度范围为 $0.5 \sim 0.7T_m$（T_m 为金属或陶瓷的熔点），压力为 147MPa 以下，要求温度均匀、准确、波动小。目的是消除坯体内部的气孔，从而提高制件的密度和强度。热等静压后处理包括三个阶段：升温、保温和冷却。采用热等静压后处理方法可以使制件非常致密，这是其他后处理方法难以做到的，但制件的收缩也较大。也有专家学者提出，先将坯体做冷等静压处理，以提高坯体的密度，再经过高温烧结处理，提高制件的强度。

目前这两种方式处理陶瓷坯体都还不够成熟，处理后的陶瓷制件虽然密度和强度提高了，但是致密度仍然不足，有时制件还会收缩和变形，得到的只是近成型坯体。

（3）熔浸。熔浸是将金属或陶瓷制件与另一低熔点的金属接触或浸埋在低熔点的液态金属内，让液态金属填充制件的孔隙，或将预渗物质放置于陶瓷坯体上进行加热，在毛细管力作用下浸渗到坯体内部的孔隙，最终将其完全填充，冷却后得到致密的零件。在熔浸后处理过程中，制件的致密化过程不是靠制件本身的收缩，而主要是靠易熔成分从外面补充填满空隙，所以，经过这种后处理得到的制件致密度高，强度大，基本不产生收缩，尺寸变化小。

（4）浸渍。浸渍后处理和熔浸相似，不同的是浸渍将液态非金属物质浸入多孔的选择性激光烧结坯体的孔隙内，经过浸渍后处理的制件尺寸变化很小。

四、选择性激光烧结技术的材料

目前，SLS 材料主要有蜡粉、尼龙、金属或陶瓷的包衣粉（或与聚合物的混合物）等。

1. 蜡粉

传统的熔模精铸用蜡（烷烃蜡、脂肪酸蜡等），蜡模强度较低，难以满足精细、复杂结构铸件的要求，且成型精度差，所以 DTM 研制了低熔点高分子蜡的复合材料，开发了以氧化聚乙烯为主要成分的复合精铸蜡粉（PCP1），其成型件经过简单的后处理（清粉、涂液）即可达到精铸蜡模的要求。

2. 聚苯乙烯

聚苯乙烯受热后可熔化、黏结，而且该材料吸湿率小，收缩率也较小，其成型件浸树脂后可进一步提高强度，主要性能指标可达拉伸强度 ≥ 15MPa、弯曲强度 ≥ 33MPa、冲击强度 > 3MPa，可作为原型件或功能件使用，也可用作消失模铸造用母模生产金属铸件，需浸蜡提高其强度，采用高温燃烧法进行脱模处理。

3. 工程塑料

工程塑料（ABS）与聚苯乙烯同属热塑性材料，其烧结成型性能与聚苯乙烯相近，只是烧结温度高 20℃左右，但 ABS 成型件强度较高，所以在国内外被广泛用于快速制造原型及功能件。

4. 尼龙

SLS 方法可以将尼龙（PA）制成功能件，目前商业化广泛使用的有 4 种成分的材料。

（1）标准的 DTM 尼龙，能被用来制作具有良好耐热性能和耐蚀性能的模型；

（2）DTM 精细尼龙不仅具有与 DTM 尼龙相同的性能，还提高了制件的尺寸精度，降低表面粗糙度，能制造微小特征，适合概念型和测试型制造；

（3）DTM 医用级的精细尼龙能通过高温蒸压循环消毒 5 次；

（4）原型复合材料是 DTM 精细尼龙经玻璃强化的一种改性材料，与未被强化的 DTM 尼龙相比，它具有更好的加工性能，表面粗糙度 Ra =4 ～ 51pm，尺寸公差 0.25 mm，同时提高了耐热性和耐腐蚀性。

5. 金属粉末

采用金属粉末进行快速成型是激光快速成型的趋势，它可以加快新产品的开发速度，应用前景广阔。金属粉末的选区烧结方法中，常用的金属粉末有3种：

（1）金属粉末和有机黏结剂的混合物，按一定比例将2种粉末混合均匀，然后用激光束对混合粉末进行选择烧结。

①利用有机树脂包覆金属材料制得的覆膜金属粉末，这种粉末的制备工艺复杂，但烧结性能好，且所含有的树脂比例较小，更有利于后处理；

②金属与有机树脂的混合粉末，制备较简单，但烧结性能较差。

在包衣粉末或混合粉末中，黏结剂受激光作用迅速变为熔融状态，冷却后将金属基体粉末黏结在一起，烧结时通常需要保护气，其成型件的密度和强度较低，如作为功能件使用，需进行后续处理，包括烧失黏结剂、高温焙烧、金属熔渗（如渗铜）等工序，即可制得用于塑料零件生产的金属模具或放电加工用电极。

（2）两种金属粉末的混合体，其中一种熔点较低，起黏结剂的作用，激光选择性熔融低熔点金属粉末，使其将高熔点金属粉末黏结在一起。但低熔点金属材料的强度一般也较低，导致成型零件强度低，性能差。

（3）覆膜陶瓷粉末。选择性激光烧结陶瓷粉末是在陶瓷粉末中加入黏结剂，其覆膜粉末制备工艺与覆膜金属粉末类似，被包覆的陶瓷可以是 Al_2O_3、ZrO_2 和 SiC 等。黏结剂的种类很多，有金属黏结剂和塑料黏结剂（包括树脂、聚乙烯酯、有机玻璃等），也可以使用无机黏结剂。

五、选择性激光烧结技术的应用

SLS 技术可快速制造出所需零件的原型，用于对产品的评价、修正，适合形状复杂零件的小批量、定制化制作，快速模具与工具的制作。选择性激光烧结工艺目前被用于航空航天、建筑、造船、医学等领域。具体来说，SLS 工艺可以应用于以下场合。

（1）快速原型制造。SLS 工艺可快速制造零件原型，及时进行评价、修正以提高设计质量；可使客户获得直观的零件模型；能制造教学、实验用的复杂模型。

（2）新型材料的研发及制备。利用 SLS 工艺可以开发一些新型的颗粒，以增强复合材料和硬质合金的所需性能。

（3）小批量、特殊零件的制造加工。在制造领域，经常遇到小批量及特殊零件的生产。这类零件加工周期长、成本高，对于某些形状复杂的零件，甚至无法用传统工艺方法制造。SLS技术是解决小批量复杂零件制造的有效手段。SLS激光快速成型技术能在保证高质量设计的前提下，提高开发速度，缩短开发周期，可轻松地进行小批量和形状复杂的零件的制造。3D打印增材制造的工作原理，使其在复杂结构零件的制作中有着得天独厚的优势。也就是说，造型及结构越复杂的零件，使用3D打印的方式进行制造就越有优势，比如自动变速箱的滑阀箱、行星齿轮组等。

（4）快速模具和工具制造。通过SLS工艺制造的零件可直接作为模具使用，如熔模铸造、砂型铸造、注塑模、形状复杂的高精度金属型等，也可以经后处理后作为功能零件使用。随着3D打印技术的不断成熟，以及材料应用科学的不断突破，现在已经可以将打印出的塑料或金属零件，直接应用到汽车生产中。

（5）在逆向工程中的使用。SLS工艺可以在没有设计图样或者图样不完整以及没有CAD模型的情况下，按照现有的零件原型，利用各种数字技术和CAD技术重新构造出原型CAD模型。如汽车后视镜，运用逆向工程技术对实物进行扫描后，构建了产品的三维数字模型，用选择性激光烧结技术制造模型实体。

（6）在医学领域的应用。SLS技术由于选材丰富、不需支撑、生产周期短，特别是便于个性化定制等特点，在医学领域发展迅速。应用SLS工艺烧结的零件具有很高的孔隙率，可用于人工骨骼的制造，如有人采用SLS技术烧结出了颅骨模型，制作了钛合金骨内移植物等医学模型，对医疗行业的发展起到了推动作用。

任务一

3D 打印排气歧管零件

任务布置

　　排气歧管（图 3.3）零件是某重型设备上重要的配件，其外形轮廓复杂且精度要求高，需要使用激光烧结成型技术打印模具进行铸造，对于歧管端面或者底座等部位要铣削加工保证装配的精度。在本任务中要学习使用 NX 软件对零件模型的加工部位预留余量，掌握 Magics 软件对 PSB 粉末零件设置支撑的要求，理解与液态树脂材质设置支撑的区别，正确完成排气歧管零件支撑的设置。熟悉精密铸造蜡膜 3D 打印机的操作方法，合理设置打印的参数，正确完成零件的后处理，保证模具的质量。

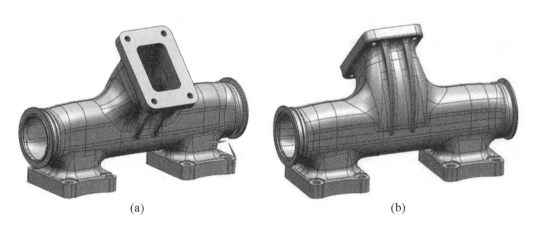

(a)   (b)

图 3.3　排气歧管

任务目标

一、知识目标

掌握使用 NX 软件对排气歧管零件模型进行软件前处理的方法；

掌握使用 Magics 软件对排气歧管零件模型的摆放、支撑的生成等打印前模型的处理方法；

掌握用选择性激光烧结成型技术（SLS）打印零件的工艺及工作流程；

理解选择性激光烧结成型技术（SLS）打印机的参数功能；

掌握对打印后零件模型的后处理方法。

二、技能目标

能使用 NX 软件对排气歧管零件模型进行加工面预留加工余量等的处理；

能使用 Magics 软件完成对排气歧管零件模型打印前的处理，并能根据使用情况设置参数（如层厚、壁厚、填充、支撑等）；

能够对打印的零件模型进行后处理（取出零件、去除支撑、渗蜡等操作）；

能够正确使用选择性激光烧结成型技术（SLS）打印机打印零件模型；

能够完成 SLS 打印机日常清扫与保养。

三、素养目标

打印过程中，通过对企业 6S 管理规范的执行，培养良好的职业规范意识（工服、防护用品、工具箱和工作台整洁等），工作现场达到企业 6S 管理的要求；

在对零件模型打印过程中，严格执行打印工作流程、规程，并遵守操作规范，培养良好的职业规范和职业行为；

通过对零件模型的打印前处理、打印参数设置、打印后的后处理等操作，培养严谨、细致和工作中一丝不苟的工匠意识和职业素养。

任务分析

本任务中企业的排气歧管零件是铸造成型，因此使用选择性激光烧结成型技术打印，保证模具的高精度。该零件在打印时要考虑整体的制造工艺，由于零件铸造完成后还需要对底座平面、管口端面等位置加工处理保证尺寸精度，所以这些部位在模型处理时要有适当的加工余量。

⚗ 任务实施

一、排气歧管零件 3D 模型的处理

1. NX 软件处理

（1）打开 NX 12.0 软件，导入零件模型文件。

（2）根据零件的图纸要求，分析要修改的内容。排气歧管零件在铸造后需要对底座的平面、孔和管口等位置进行加工，因此使用软件的替换面、删除面和偏置区域等功能对这些位置进行处理，保证有加工的余量，如图 3.4 所示。

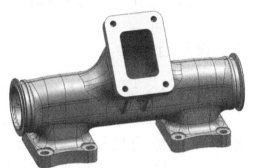

图 3.4　排气歧管零件

（3）以底座的一个孔和平面为例介绍操作步骤。单击工具栏中【偏置区域】，弹出对话框，选择孔的内壁，偏置距离为"4"，单击确定，孔直径变小，如图 3.5 所示。

(a)

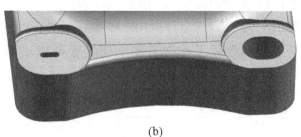

(b)

图 3.5　偏置孔的平面

（4）单击工具栏中【删除面】，弹出对话框，选择孔的内壁，单击确定，删除该孔轮廓。同理，使用【删除面】删除该平面的圆弧倒角，如图 3.6 所示。

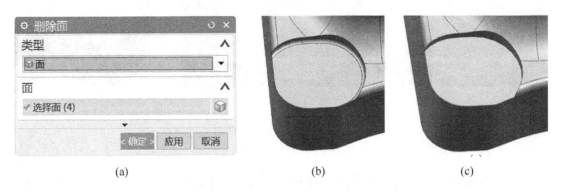

(a)　　　　　　　　(b)　　　　　　　　(c)

图 3.6　删除孔的内轮廓面和倒角

（5）单击工具栏中的【替换面】，弹出对话框，【选择面】选择孔存在的平面，替换面选择右侧的上表面，单击确定，如图 3.7 所示。

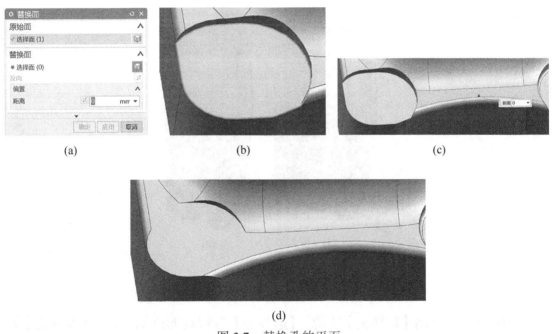

(a)　　　　　　　　(b)　　　　　　　　(c)

(d)

图 3.7　替换孔的平面

（6）同理，使用【替换面】功能，【选择面】为平面剩余的侧平面，【替换面】为上面的圆弧面，单击确定，如图 3.8 所示。

如果在替换面时软件报错，可以将要替换的面适当偏置一些后再进行替换，其余的孔和平面处理方法一样，不赘述。

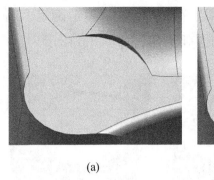
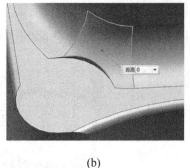
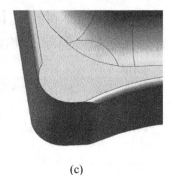

(a)   (b)   (c)

图 3.8　替换剩余的平面

（7）以零件一端管口为例介绍处理方法。使用【删除面】功能删除管口的倒角，如图 3.9 所示。

（8）单击工具栏中的【替换面】，弹出对话框，【选择面】为管端槽的内斜面，【替换面】为另一侧的内平面，单击确定，如图 3.10 所示。

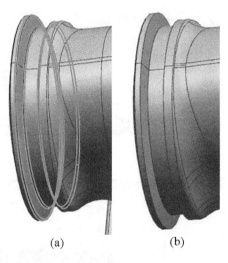

(a)   (b)

图 3.9　删除管口的倒角

（9）同理，使用【替换面】功能，【选择面】为管端的外侧平面，【替换面】为管端的内侧平面，单击确定，如图 3.11 所示。

零件另一侧管口的处理方法一样。此外，使用【偏置区域】功能将零件的三个底座的平面都偏置 2mm 距离，如图 3.12 所示，不赘述。

（10）零件模型处理完成后，单击【文件】—【导出】—【STL】，导出的格式为"STL"，选择零件模型和保存目录，单击确定即可。

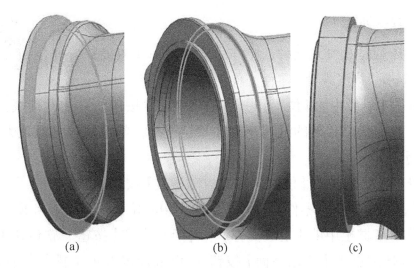

图 3.10   替换管口的槽面

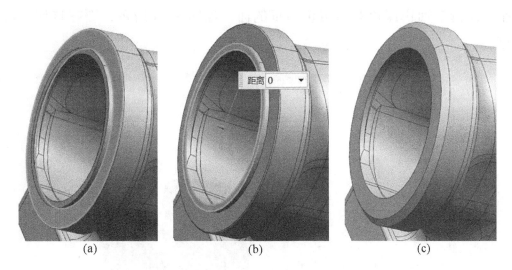

图 3.11   替换管口端面的内外侧平面

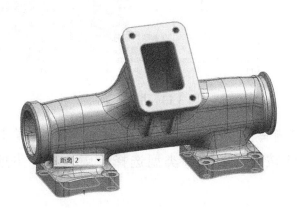

图 3.12   偏置三个底座的平面

2. Magics 软件处理

（1）打开 Magics21.0 软件，单击【文件】—【加载】—【导入零件】，选择"排气歧管"零件文件。

（2）单击工具栏中的【位置】—【底 / 顶平面】按钮，弹出对话框，单击【指定】平面，鼠标选择零件的底座平面，单击确定，零件将该平面定为底面，如图 3.13 所示。

（3）单击工具栏中的【位置】—【自动摆放】按钮，弹出对话框，选择【平台的中心】，单击确定，零件自动摆放到平台中心位置，如图 3.14 所示。

（4）单击工具栏中的【生成支撑】—【手动支撑】按钮，软件切换了界面，在左侧工具条上单击【标记平面】按钮 ，用鼠标依次单击排气歧管的两个底座平面和左右管口外圆的下端曲面，单击上侧工具栏的【面】—【创建新的面】按钮，所选的面由深色变为黄色边框的面，如图 3.15 所示，要在这些面设置支撑。

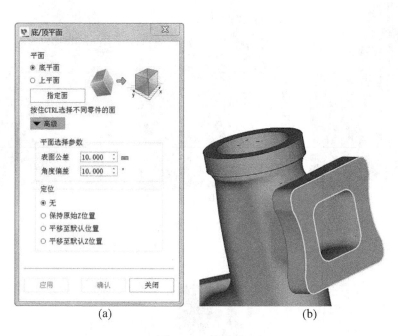

图 3.13　指定底面

（5）在软件左侧有支撑参数页，黑色区域显示设置支撑的区域，单击【类型】—【轮廓】按钮，将支撑类型选择轮廓，零件生成支撑，如图 3.16 所示。

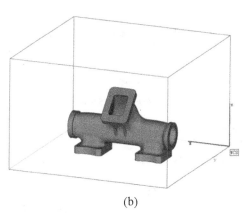

(a)   (b)

图 3.14　指定零件的位置

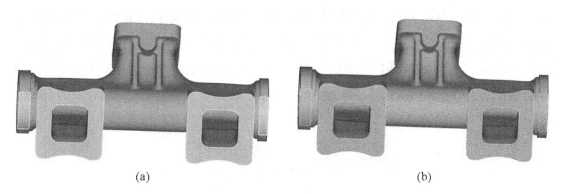

(a)   (b)

图 3.15　指定支撑区域

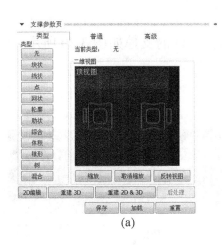

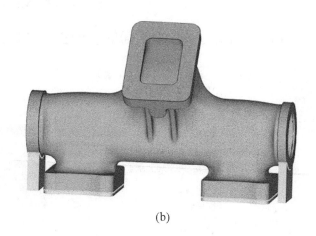

(a)   (b)

图 3.16　设置支撑

（6）在支撑参数页单击【普通】—【支撑长度】，在右侧选择"固定长度"，最大长度默认为 5mm（可以自行更改）。同样，单击支撑长度下面的【厚度】，右侧勾选"设置支撑厚度"，数值默认即可，如图 3.17 所示。

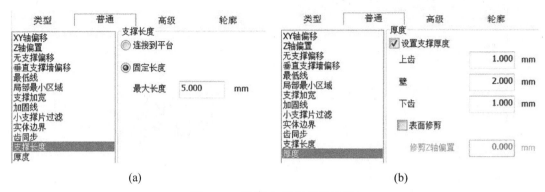

图 3.17　设置支撑长度和厚度

（7）在支撑参数页单击【轮廓】—【轮廓】，右侧的"轮廓偏置"改为 10mm，让支撑轮廓大一些，支撑的数量不用太多，如图 3.18 所示。同样，单击轮廓下面的【齿】，右侧不勾选"上下同齿"和"下部"，在"下部"下面的数值"齿间隔"改为 0.2mm，"齿顶宽"和"齿根宽"分别改为 0.1mm 和 1.5mm，这样使支撑与零件接触的部位为齿状易清理，下端与工作台接触为平面更牢固，如图 3.19 所示。

图 3.18　设置支撑轮廓

（8）单击支撑参数页下面的【重建 2D 和 3D】，零件的支撑如图 3.20 所示。

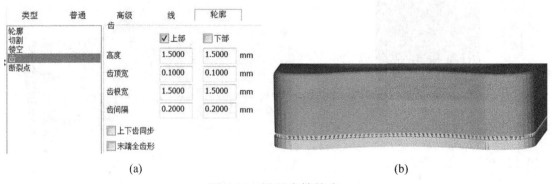

图 3.19　设置支撑的齿

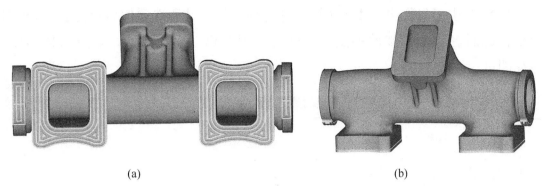

| (a) | (b) |

图 3.20　设置后的支撑

（9）单击工具栏的【生成支撑】—【导出支撑】按钮，弹出对话框，将"切片文件"不勾选，保存在任意位置，注意重命名为"支撑"方便区分。将零件另存，格式为"STL"，此时另存的零件是指定好底面和摆放位置的，注意重命名加以区分，关闭软件，如图 3.21 所示。

（10）打开软件，加载另存的零件，将软件窗口适当缩小，将保存的支撑文件直接拖进软件的绘图区域，零件模型和支撑便合在一起了，如图 3.22 所示。

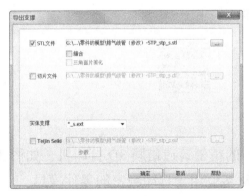

图 3.21　导出支撑

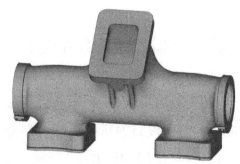

图 3.22　零件和支撑

（11）在软件的右侧将【零件工具页】展开，显示两个零件的信息，分别是零件和支撑，按住"Ctrl"键，选中两个零件，单击工具栏中的【工具】—【合并零件】按钮，两个零件便合为一个零件，如图 3.23 所示。

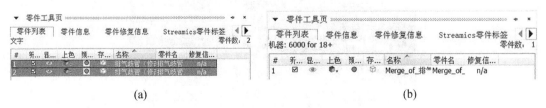

| (a) | (b) |

图 3.23　合并零件

（12）单击工具栏中的【文件】—【另存为】—【所选零件另存为】，弹出对话框，此时名称显示零件和支撑的名称，保存格式为"STL"，如图 3.24 所示，保存即可。

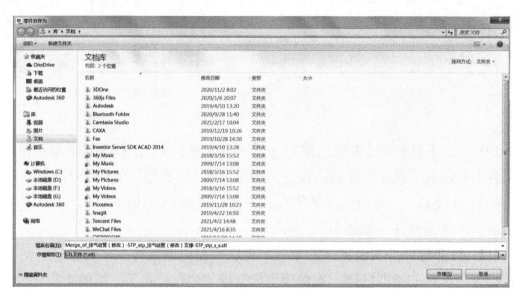

图 3.24　保存零件

二、3D 打印排气歧管零件模型

1. 打印准备

使用的打印设备为华中科技大学研制的精密铸造蜡膜 3D 打印机，如图 3.25 所示，打印材料为 PSB 粉末，该设备和材料适用于打印精密的零件模具。

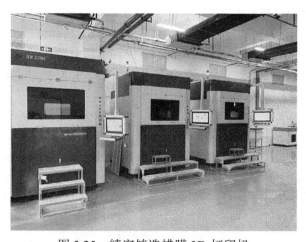

图 3.25　精密铸造蜡膜 3D 打印机

2. 打印的操作步骤

（1）启动3D打印机，将处理好的零件模型文件拷贝到打印机的电脑中，使用打印机自带的软件导入文件。

（2）设置打印机的参数，详见表3.1，打印机的设置页面如图3.26所示，对于同一种打印材料一般打印机的参数基本都通用，根据打印情况自行微调。

表3.1 打印机参数

序号	参数名称	参数值
1	预铺起始温度	91℃
2	预铺保持温度	110℃
3	加工温度	92℃
4	分层厚度	0.2mm
5	填充间距	0.3mm
6	填充功率	28W
7	轮廓功率	17W
8	激光开/关延时	400μs
9	送粉系数	22
10	铺粉速度	150mm/s
11	铺粉比率	72p/mm
12	升降速度	2mm/s
13	升降比率	4071p/mm
14	落粉比率	1280p/圈
15	铺粉时间	5s

（3）设置好打印的参数后，单击软件的【3D》】按钮，开始打印，预估打印时间为5h。

（4）当打印完成后，升起打印机的工作台，如图3.27所示。打开成型室的防护门和通风扇成型室的内部降温，此时打印机成型室内部温度很高，待温度冷却后再取零件。

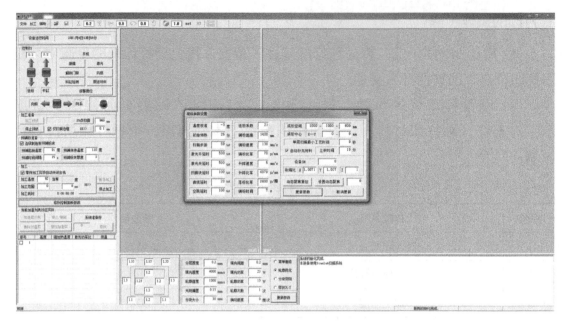

图 3.26　打印机设置参数页面

图 3.27　升起工作台

三、排气歧管零件模型的后处理

1. 取零件

　　打印机内部温度降低后，操作员使用毛刷清扫 PSB 粉末，等零件轮廓逐渐显露出来后再将零件小心取出，注意保护零件的脆弱部位，避免零件损坏。将零件放置小车上，送到清扫零件的工作台，如图 3.28 所示。

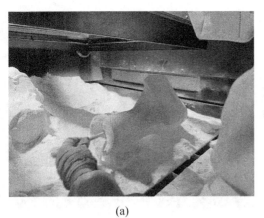
(a)

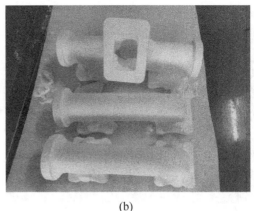
(b)

图 3.28　取零件

2. 去除零件支撑

　　使用毛刷清扫粉末，将零件表面和内部各个位置的支撑去除，零件的硬度较低，注意动作力度不要过大，使用气枪清理零件死角位置的粉末，保证零件的支撑和粉末清理干净，如图 3.29 所示。

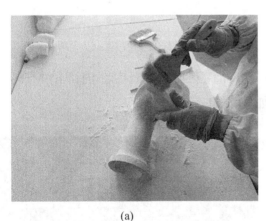
(a)

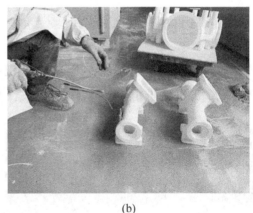
(b)

图 3.29　清扫粉末去支撑

3. 渗蜡

　　PSB 粉末材质打印的零件有较多蜂窝状的气孔，表面较粗糙，需要用液态石蜡包裹其内外表面，提高零件表面质量和硬度，如图 3.30 所示。

　　使用的设备为渗蜡机，里面是温度为 60℃左右的液态石蜡，戴好专用的橡胶手套，避免污染石蜡。打开渗蜡机盖，将清理干净的零件全部浸入液态石蜡中，适当翻转，保证零件内外各个部位完全让石蜡包裹上，完成后取出，检查无误后放在干净干燥的位置自然晾干即可。

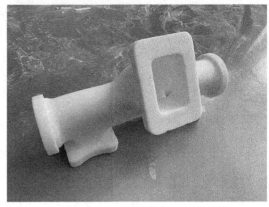

(a)   (b)

图 3.30　渗蜡处理

四、零件检测

　　将零件送到检测室，使用三坐标检测零件的尺寸精度，不合格的查找原因修改后重新打印，精度合格则出库即可。

五、回收打印材料

　　（1）将打印机成型室内剩余的 PSB 粉末清扫到回收槽中，内部清扫干净，操作打印机的铺粉辊铺平工作台粉末，如图 3.31 所示。

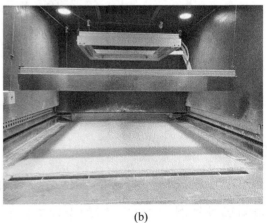

(a)   (b)

图 3.31　清扫打印机成型室

　　（2）将回收的 PSB 粉末用筛粉机进行筛粉，过滤掉大的颗粒，筛好后将 PSB 粉末倒回打印机的料仓，循环使用，如图 3.32 所示。

 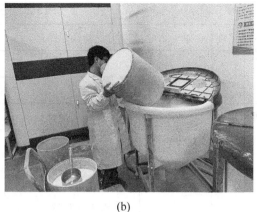

(a)   (b)

图 3.32   筛粉回收

六、清扫设备和实验室

（1）将打印机内、外有粉尘附着的部位擦拭干净，工量具和相关物品摆放整齐。

（2）将实验室的场地清扫干净，地面、桌面应无粉尘，关好门窗，断开设备电源，如图 3.33 所示。

图 3.33   清扫卫生

⚑ 任务评价

在完成以上几个教学环节的基础上，对本任务做总结，针对学生完成任务情况，完成任务过程中的规范性、态度、参与度、协作能力等方面进行评价，任务评价表如表 3.2 所示。

表3.2 任务一评价表

任务名称		排气歧管零件			评价日期		
姓名		班级					
		学号					
评价项目	考核内容	考核标准		配分	小组评分	教师评分	总评
任务完成情况评定（80分）	任务分析	正确率100% 5分 正确率80% 4分 正确率60% 3分 正确率＜60% 0分		5分			
	制定方案	合理 10分 基本合理 6分 不合理 0分		10分			
	模型处理	参数设置正确 20分 参数设置不正确 0分		20分			
	3D打印成型	操作规范、熟练 10分 操作规范、不熟练 5分 操作不规范 0分		30分			
		加工质量符合要求 20分 加工质量不符合要求 0分					
	后处理	处理方法合理 5分 处理方法不合理 0分		15分			
		操作规范、熟练 10分 操作规范、不熟练 5分 操作不规范 0分					
职业素养（20分）	劳动保护	按规范穿着工装，穿戴防护用品		每违反一次扣5分，扣完为止			
	纪律	不迟到、不早退、不旷课、不吃喝、不游戏打闹、不玩手机					
	表现	积极、主动、互助、负责、有改进精神、有创新精神					
	6S规范	是否符合6S管理要求					
总分							
学生签名		组长签名			教师签名		

拓展延伸

3D 打印技术应用——新一代载人飞船返回舱防热大底框架采用激光沉积 3D 打印制造

2020 年 5 月 8 日，我国新一代载人飞船试验船返回舱，在东风着陆场预定区域成功着陆！此次试验船飞行任务的圆满成功，实现了我国超大尺寸整体钛框架 3D 打印制造的首次航天应用。

超大尺寸整体钛框架全部采用 3D 打印工艺制造，成功实现了减轻重量、缩短周期、降低成本的目标。在研制过程中，成功克服了大尺寸零件变形开裂、冶金缺陷等诸多难题。防热大底框架结构是气动力热作用下最主要的承力部件，新一代载人飞船试验船的成功返回，标志着我国超大尺寸关键结构件整体 3D 打印技术通过大考。

任务二

3D 打印齿轮室罩壳零件

🔩 任务布置

齿轮室罩壳（图 3.34）零件为各种大型设备的齿轮传动系统提供保护作用，避免工作环境的污染，更好保证齿轮传动的精度和稳定性。该零件在铸造完成后要对密封面、定位孔等进行加工，保证其密封性和定位精度。本任务要求巩固 NX、Magics 软件对模型的处理方法，合理预留加工余量和设置 Magics 软件打印平台的尺寸，熟练操作精密铸造蜡膜 3D 打印机完成零件的打印和后处理。

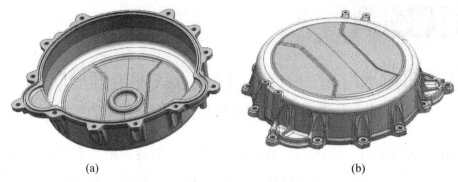

(a)   (b)

图 3.34   齿轮室罩壳

🔧 任务目标

一、知识目标

掌握使用 NX 软件对齿轮室罩壳零件模型进行软件前处理的方法;

掌握使用 Magics 软件对齿轮室罩壳零件模型的摆放、支撑的生成等打印前模型的处理方法;

掌握用选择性激光烧结成型技术 (SLS) 打印零件的工艺及工作流程;

熟悉选择性激光烧结成型技术 (SLS) 打印机的参数功能;

掌握对打印后零件模型的后处理方法。

二、技能目标

能使用 NX 软件对齿轮室罩壳零件模型进行加工面预留加工余量等的处理;

能使用 Magics 软件完成对齿轮室罩壳零件模型进行打印前的处理,并能根据使用情况设置参数 (如层厚、壁厚、填充、支撑等);

能够对打印的零件模型进行后处理 (取出零件、去除支撑、渗蜡等操作);

能够正确使用选择性激光烧结成型技术 (SLS) 打印零件模型;

能够完成 SLS 打印机日常清扫与保养。

三、素养目标

在对零件模型打印过程中,严格执行打印工作流程规程,并遵守操作规范,素养良好的职业规范和职业行为;

打印过程中，通过对企业 6S 管理规范的执行，完成 SLS 打印机日常清扫与保养，培养良好的职业习惯和劳动意识；

通过对零件模型的打印前处理、打印参数设置、打印后的后处理等操作，培养严谨、细致和工作中一丝不苟的工匠意识和职业素养。

 # 任务分析

本任务中企业的齿轮室罩壳零件是铸造成型，因此采用选择性激光烧结成型技术打印，保证模具的高精度。设备使用的是精密铸造蜡膜 3D 打印机，材料为 PSB 粉末。在打印该零件时要考虑整体的制造工艺，由于零件铸造完成后还需要对密封面、定位孔等位置加工处理保证尺寸精度，所以这些部位在模型处理时要有适当的加工余量。

任务实施

一、齿轮室罩壳 3D 模型处理

1. NX 软件处理

（1）打开 NX 12.0 软件，导入零件模型文件。

（2）根据零件的图纸要求，分析要修改的内容。在铸造完成齿轮室罩壳后要对密封面、定位孔等位置进行加工，使用软件的替换面、删除面和拉出面等功能对这些位置进行处理。

（3）以齿轮室罩壳的一个定位孔为例介绍操作步骤。单击工具栏中【删除面】，弹出对话框，选择孔的内壁，单击确定，如图 3.35 所示。

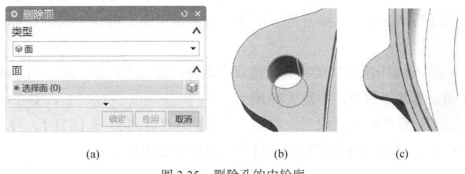

(a)　　　　　(b)　　　　　(c)

图 3.35　删除孔的内轮廓

(4) 将零件翻转，对该孔的背面进行处理。同样使用【删除面】功能删除该孔剩余的锥面和平面倒角。单击工具栏中【偏置区域】，弹出对话框，选择孔的平面，距离输入5，单击"确定"，如图3.36所示。

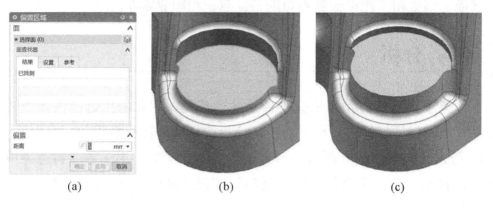

(a)   (b)   (c)

图3.36 偏置孔的平面

(5) 单击工具栏中的【拉出面】，弹出对话框，选择孔的平面，将该平面拉至与侧壁高度一致即可，尖锐位置倒角处理，如图3.37所示。齿轮室罩壳其余的定位孔均按照这样的思路处理即可，处理方法多样，可自行尝试，不赘述。

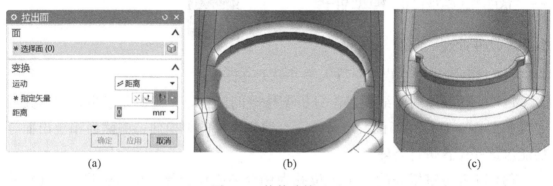

(a)   (b)   (c)

图3.37 拉伸孔的平面

(6) 处理齿轮室罩壳的密封面。使用【删除面】功能，删除密封槽内的倒角。使用【替换面】功能将密封槽底面与密封面齐平，方法不赘述，如图3.38所示。

(7) 使用【拉出面】功能将齿轮室罩壳的密封面向上拉伸5mm，作为该面的加工余量，方法不赘述，如图3.39所示。

(8) 零件模型处理完成后，单击【文件】—【导出】—【STL】，导出的格式为"STL"，选择零件模型和保存目录，单击确定即可。

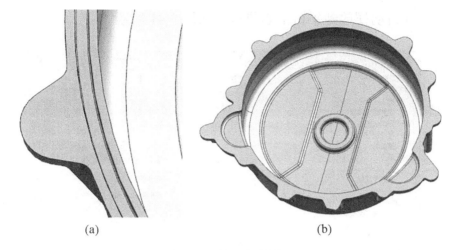

(a)   (b)

图 3.38　处理密封槽

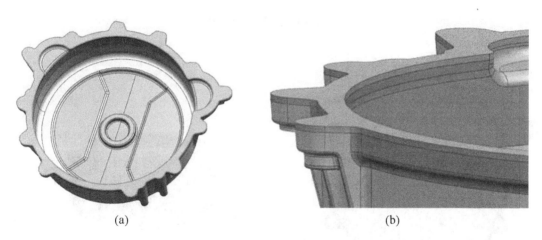

(a)   (b)

图 3.39　拉伸密封面

2. Magics 软件处理

（1）打开 Magics21.0 软件，单击【文件】—【加载】—【导入零件】，选择"齿轮室罩壳"零件文件。因为该零件尺寸较大，修改软件打印平台的尺寸，单击工具栏中的【加工准备】—【机器属性】按钮，弹出对话框，将加工平台尺寸 x（宽度）、y（深度）改为 850.00mm，z（高度）不变，单击确定，扩大了平台的尺寸，如图 3.40 所示。

（2）单击工具栏中的【位置】—【底 / 顶平面】按钮，单击【指定】平面，鼠标选择零件的底平面，单击确定，将该平面定为底面，如图 3.41 所示。

（3）单击工具栏中的【位置】—【自动摆放】按钮，选择【平台的中心】，单击确定，零件自动摆放到平台中心位置，如图 3.41 所示。

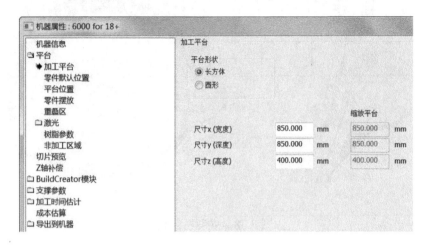

图 3.40　设置平台尺寸

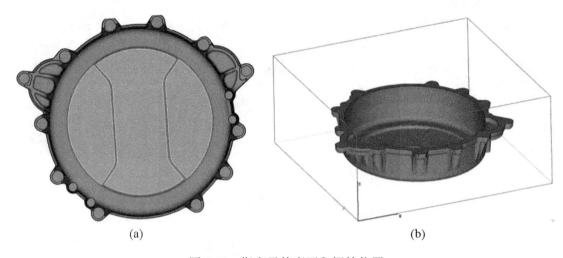

(a)　　　　　　　　　　　　　　　　　(b)

图 3.41　指定零件底面和摆放位置

（4）单击工具栏中的【生成支撑】—【手动支撑】按钮，软件切换了界面，在左侧工具条上单击【标记平面】按钮，用鼠标依次单击齿轮室罩壳零件底面的三个曲面和定位孔的下表面（定位孔位置伸出长度较长，需要支撑保证打印的质量），单击上侧工具栏的【面】—【创建新的面】按钮，所选的面由深色变为黄色边框的面，如图 3.42 所示，要在这些面设置支撑。

（5）在软件左侧有支撑参数页，黑色区域显示设置支撑的区域，单击【类型】—【轮廓】按钮，将支撑类型选择轮廓，生成支撑。

（6）在支撑参数页单击【普通】—【支撑长度】，在右侧选择"固定长度"，最大长度默认为 5.000mm（可以自行更改）。同样，单击支撑长度下面的【厚度】，右侧勾选"设置支撑厚度"，数值默认即可，如图 3.43 所示。

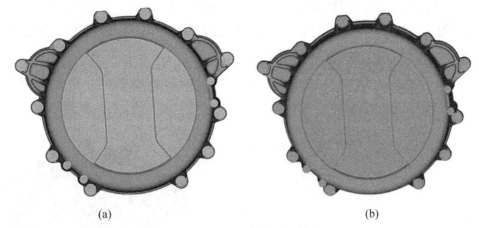

(a)   (b)

图 3.42　指定支撑区域

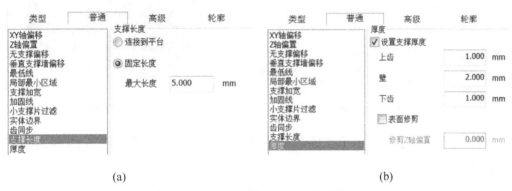

(a)   (b)

图 3.43　设置支撑长度和厚度

(7) 在支撑参数页单击【轮廓】—【轮廓】，右侧的"轮廓偏置"改为 10mm，让支撑轮廓大一些，支撑的数量不用太多，如图 3.44 所示。

(8) 单击支撑参数页下面的【重建 2D 和 3D】，零件的支撑如图 3.45 所示。

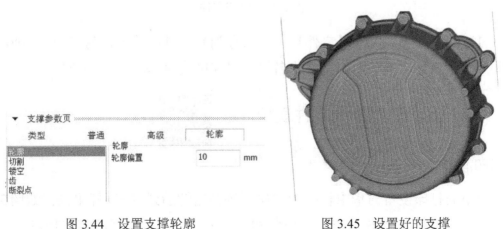

图 3.44　设置支撑轮廓   图 3.45　设置好的支撑

（9）单击工具栏的【生成支撑】—【导出支撑】按钮，弹出对话框，将"切片文件"不勾选，保存在任意位置，注意重命名为"支撑"方便区分。将零件另存，格式为"STL"，此时另存的零件是指定好底面和摆放位置的，注意重命名加以区分，关闭软件，如图 3.46 所示。

（10）打开软件，加载另存的零件，将软件窗口适当缩小，将保存的支撑文件直接拖进软件的绘图区域，零件模型和支撑便合在一起了，如图 3.47 所示。

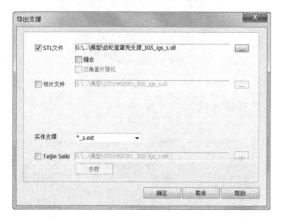

图 3.46　导出支撑　　　　　　　　　　　图 3.47　零件和支撑

（11）在软件的右侧将【零件工具页】展开，将显示的两个零件合为一个零件，如图 3.48 所示。

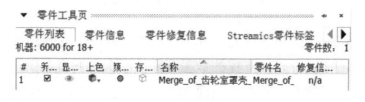

图 3.48　合并零件

（12）单击工具栏中的【文件】—【另存为】—【所选零件另存为】，弹出对话框，此时名称显示零件和支撑的名称，保存格式为"STL"，保存即可。

二、3D 打印齿轮室罩壳零件模型

1. 打印准备

使用的打印设备为华中科技大学研制的精密铸造蜡膜 3D 打印机，如图 3.25 所示，打印材料为 PSB 粉末，该设备和材料适用于打印精密的零件模具。

2. 打印的操作步骤

（1）启动 3D 打印机，将处理好的零件模型文件拷贝到打印机的电脑中，使用打印机自带的软件导入文件。

（2）设置打印机的参数，详见表 3.3，打印机的设置页面如图 3.49 所示，对于同一种打印材料一般打印机的参数基本都通用，根据打印情况自行微调。

表3.3　打印机参数

序号	参数名称	参数值
1	预铺起始温度	91℃
2	预铺保持温度	110℃
3	加工温度	92℃
4	分层厚度	0.2mm
5	填充间距	0.3mm
6	填充功率	28W
7	轮廓功率	17W
8	激光开/关延时	400μs
9	送粉系数	22
10	铺粉速度	150mm/s
11	铺粉比率	72p/mm
12	升降速度	2mm/s
13	升降比率	4071p/mm
14	落粉比率	1280p/圈
15	铺粉时间	5s

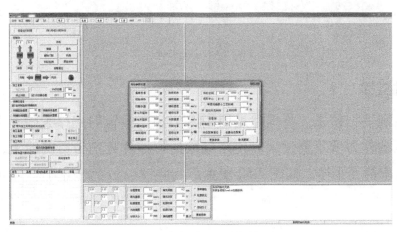

图 3.49　打印机设置参数页面

（3）设置好打印的参数后，单击软件的【3D》】按钮，开始打印，预估打印时间为5.5h左右。

（4）当打印完成后，升起打印机的工作台，如图3.50所示。打开成型室的防护门和通风扇使成型室的内部降温，此时打印机成型室内部温度很高，待温度冷却后再取零件。

图 3.50　升起工作台

三、齿轮室罩壳零件模型的后处理

1. 取零件

打印机内部温度降低后，操作员使用毛刷清扫PSB粉末，等零件轮廓逐渐显露出来后再将零件小心取出，注意保护零件的脆弱部位，避免零件损坏，如图3.51所示。

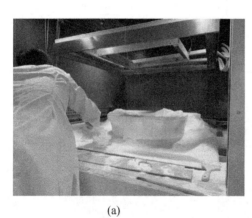

(a)　　　　　　　　　　　　　(b)

图 3.51　取零件

2. 去除零件支撑

使用毛刷清扫粉末，将零件表面和内部各个位置的支撑去除。零件的硬度较低，注意动作力度不要过大，使用气枪清理零件死角位置的粉末，保证零件的支撑和粉末清理干净，如图3.52所示。

3. 渗蜡

齿轮室罩壳零件的轮廓壁较薄，在渗蜡时要适当倾斜角度，手动旋转零件让其轮廓均匀渗蜡，注意不要直接全部浸入，避免零件受力不均匀产生破损，完成后取出，检查无误后放在干净干燥的位置自然晾干即可，如图 3.53 所示。

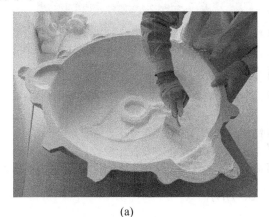
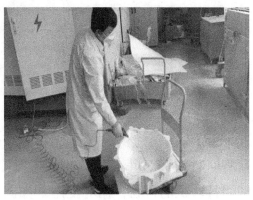

(a) (b)

图 3.52　清扫粉末去支撑

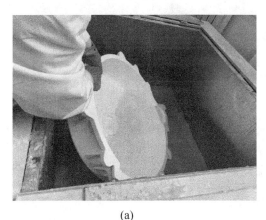
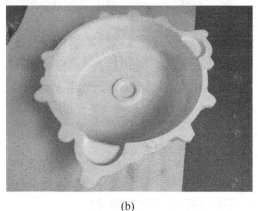

(a) (b)

图 3.53　渗蜡处理

四、零件检测

将零件送到检测室，使用三坐标检测零件的尺寸精度，不合格的查找原因修改后重新打印，精度合格则出库即可。

五、回收打印材料

将打印机成型室内剩余的 PSB 粉末清扫到回收槽中，内部清扫干净，操作打印机的铺粉辊铺平工作台粉末，如图 3.54 所示。

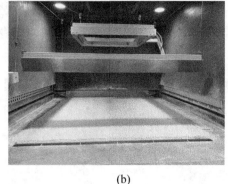

(a)   (b)

图 3.54   清扫打印机成型室

将回收的 PSB 粉末用筛粉机进行筛粉，过滤掉大的颗粒，筛好后将 PSB 粉末倒回打印机的料仓，循环使用，如图 3.55 所示。

(a)   (b)

图 3.55   筛粉回收

六、清扫设备和实验室

（1）将打印机内、外有粉尘附着的部位擦拭干净，工量具和相关物品摆放整齐。

（2）将实验室的场地清扫干净，地面、桌面应无粉尘，关好门窗，断开设备电源。

🖳 任务评价

在完成以上几个教学环节的基础上，对本任务做总结，针对学生完成任务情况，完成任务过程中的规范性、态度、参与度、协作能力等方面进行评价，任务评价表如表 3.4 所示。

表3.4　任务二评价表

任务名称		齿轮室罩壳零件					
姓名		班级		评价日期			
		学号					
评价项目	考核内容	考核标准		配分	小组评分	教师评分	总评
任务完成情况评定（80分）	任务分析	正确率100%　　　　　5分 正确率80%　　　　　4分 正确率60%　　　　　3分 正确率＜60%　　　　0分		5分			
	制定方案	合理　　　　　　　10分 基本合理　　　　　6分 不合理　　　　　　0分		10分			
	模型处理	参数设置正确　　　20分 参数设置不正确　　0分		20分			
	3D打印成型	操作规范、熟练　　10分 操作规范、不熟练　5分 操作不规范　　　　0分		30分			
		加工质量符合要求　20分 加工质量不符合要求0分					
	后处理	处理方法合理　　　5分 处理方法不合理　　0分		15分			
		操作规范、熟练　　10分 操作规范、不熟练　5分 操作不规范　　　　0分					
职业素养（20分）	劳动保护	按规范穿着工装，穿戴防护用品		每违反一次扣5分，扣完为止			
	纪律	不迟到、不早退、不旷课、不吃喝、不游戏打闹、不玩手机					
	表现	积极、主动、互助、负责、有改进精神、有创新精神					
	6S规范	是否符合6S管理要求					
总分							
学生签名		组长签名		教师签名			

科技创新：铸锻铣一体化 3D 打印机研发成功，关键技术被限制出口

我国研发出拥有自主知识产权的世界首台铸锻铣一体化 3D 打印数控机床，实现了连续铸锻同步工艺，被《中国制造 2025》列入"加快突破的战略必争领域"。

金属 3D 打印技术——"铸锻铣一体化"将 3D 打印、铸造和锻造工艺融合在一起，不仅可以加工出高质量的零部件，还可以大幅降低生产成本。因此，这项技术几乎对所有行业都会产生作用，尤其对铸造行业的颠覆将会是革命性的。

微铸锻铣复合增材制造技术重点服务于航空航天、核电、船舶海工、高速铁路等支柱产业。中国航空工业是这项技术的最先使用者，如 3D 打印生产中国第五代战斗机的关键部件，金属 3D 打印技术"铸锻铣一体化"已经成功应用在歼 -20 和歼 -31 两型战机生产中。

？习题

一、选择题

1. 选择性激光烧结技术（SLS）提出于（　　）。

A.1986 年　　　　　　B.1987 年　　　　　　C.1988 年　　　　　　D.1989 年

2. SLS 技术最重要的使用领域是（　　）。

A. 高分子材料成型　　　　　　　　　B. 树脂材料成型

C. 金属材料成型　　　　　　　　　　D. 薄片材料成型

3. 使用 SLS 3D 打印机打印工作完成后，用液态石蜡包裹，将其内外表面浸入多孔的 SLS 坯体的孔隙内的工艺是（　　）。

A. 渗蜡　　　　　　　　　　　　　　B. 热等静压烧结

C. 熔浸　　　　　　　　　　　　　　D. 高温烧结

4. 以下（　　）不是 SLS 材料主要应用材料。

A. 蜡粉　　　　　　　　　　　　　　B. 光敏树脂

C. 金属粉末   D. 工程塑料（ABS）

5. 渗蜡处理使用的设备为渗蜡机，里面是温度为（　　　）的液态石蜡，戴好专用的橡胶手套，避免污染石蜡。

A. 100℃左右   B. 80℃左右

C. 30℃左右   D. 60℃左右

二、填空题

1. （　　　　　　　）自 1989 年问世以来，经过 30 多年的发展，已经成为集 CAD、数控、激光和材料等现代技术成果于一身的先进制造技术，是当前发展最快、最成功的商业化快速成型技术。

2. SLS 工艺是利用（　　　　　　）成型的。

3. SLS 工艺原材料包括（　　　　　）、（　　　　　）、（　　　　　）、（　　　　　）等。

4. 操作者接触粉末前需戴（　　　　　）防止粉末被污染，操作时应戴（　　　　　）——依照 N95 标准、（　　　　　）以及（　　　　　）等，防止眼口鼻接触粉尘，减小激光或机械运动部件对人体造成伤害的可能。在处理粉末材料时需注意，只有当粉末温度低于（　　　　　）℃时，才能进行，否则有高温烫伤的危险。

5. 清理零件后留下的未烧结粉末必须经过（　　　　　）筛选，过滤掉大的颗粒，筛选后的粉末称为（　　　　　），必须与新粉混合才能重新使用。

三、简答题

1. 简述 SLS 成型工艺原理。

2. 简述选择性激光烧结（SLS）3D 打印后处理方法。

3. 简述 SLS 工艺的优缺点。

项目四
数字化光照加工技术（DLP）

项目
导入

　　光聚合成型类 3D 打印技术是一种利用光敏树脂材料在光照下固化成型的 3D 打印技术的统称，其主要包括三种技术路线：其一是由美国 3D Systems 开发并最早实现商业化的光固化成型技术（SLA）；其二是由德国 Envision TEC 公司于数字光处理（DLP）投影仪技术的基础上开发的 DLP 3D 打印技术；其三是由以色列 Objet 公司（2012 年与 Stratasys 合并）开发的聚合物喷射技术（Poly Jet）。DLP 是 3D 打印成型技术的一种，被称为数字光处理快速成型技术，DLP 技术跟 SLA 有很多相似之处，其工作原理也是利用液态光敏聚合物在光照下固化的特征。DLP 技术使用一种较高分辨率的数字光处理器（DLP）来固化液态聚合物，逐层对液态聚合物进行固化，如此循环往复，直到最终模型完成。其具有打印速度快、成型精度高、打印物体表面光滑等优点，同时，具有机型造价高、打印成本高的缺点，因此主要被应用于对精度和表面光洁度要求高但对成本相对不敏感的领域，如珠宝首饰、生物医疗、文化创意、航空航天、建筑工程、高端制造。本项目将介绍数字化光照加工技术（DLP）工艺原理、工艺特点、工艺过程、常用材料、应用领域和发展方向。

项目
目标

　　1. 了解数字化光照加工技术（DLP）的基本知识；
　　2. 能对零件模型进行打印前的修复处理；
　　3. 能操作使用打印机并可设置打印机参数，进行模型打印；
　　4. 能对打印的模型进行后处理操作；
　　5. 能够完成 DLP 打印机日常清扫与保养。

一、数字化光照加工技术的原理

DLP 是 "digital light procession" 的缩写，即数字光处理。也就是把影像信号经过数字处理后光投影出来。DLP 3D 打印技术的基本原理是数字光源以面光的形式在液态光敏树脂表面进行层层投影，层层固化成型。DLP 技术可以实现高清晰图像的投影显示，由于其特殊的显示原理，图像对比度很高，在显示暗背景时，几乎没有光从投影系统中出射，这一特点保证了将该技术应用在光固化成型中，光敏树脂不会在长时间的工作下，由于溢出光的持续照射而发生聚合反应，从而确保了 DLP 技术能够实现与掩模板相似的功能并应用于 3D 打印领域。

基于 DLP 技术发展出的 3D 打印系统由 DLP 投影系统、机械运动系统以及具有控制和运算能力的主控系统组成。零件的三维模型需要在主控系统上进行切片处理运算，将三维模型分割为一系列二维平面图像，之后控制 DLP 投影系统实现图像的投影，与此同时，控制机械运动完成逐层打印，如此往复最终实现实体零件的制作。DLP 投影技术中使用的数字微镜器件（digital micro mirror device，DMD）芯片是该类型 3D 打印的核心，要根据打印尺寸、打印精度、打印速度以及光源波长来选择合适的芯片。数字化光照加工技术（DLP）的成型原理如图 4.1 所示。

DLP 型 3D 打印系统的工作流程：首先，液槽中盛满液态光敏树脂，主控系统会对模型进行分层计算，并根据精度需求生成对应的分层图像，之后将分层图像传递给 DLP 投影设备，投影设备会根据分层图像控制紫外光，把分层图像成像在光敏树脂液体的上表面，靠近液体表面的光敏树脂在受到紫外光照射后，会发生光聚合反应

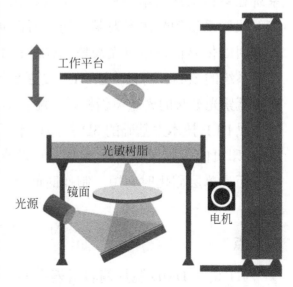

图 4.1　数字化光照加工技术的原理

进行固化，形成对应分层图像的已固化薄层。此时，单层成型工作完毕，接着工作台向下移动一定距离，让固化好的树脂表面上补充未固化的液态树脂，而后控制工作台移动，使得下面补充的液体树脂厚度和分层精度保持一致，使用刮板将树脂液面刮平，然后即可进行下一层的成型工作，如此反复直到整个零件制造完成。

二、数字化光照加工技术的特点

1. 优点

（1）单层固化速度快。通过单层图像的投影曝光实现树脂的固化并完成打印，不需要扫描过程。单层打印时间与分层图像复杂程度无关，仅与树脂所需曝光时间有关，使得打印过程进一步简化。

（2）打印精度高于一般技术。DMD 芯片微镜尺寸较小，集成度高，经过投影成像系统后，单个镜片光斑尺寸可以控制在 100μm 以下，实现高精度打印。

（3）系统结构简单，稳定性好，对外界环境要求相对低。DLP 型 3D 打印机使用 DMD 芯片作为核心器件，系统内没有复杂运动结构，各部分相对独立，方便维护。光机系统在工作时处于静止状态，不会受到其他干扰，可以提供稳定的打印精度。

（4）易于实现。3D 打印机内使用的 DLP 投影系统与用于显示的 DLP 投影系统在结构上是基本一致的，主要区别在于使用的光源不同。用于 3D 打印的 DLP 投影系统的光源多为紫外光，而普通显示系统多为白光 LED 或三色 LED。若选用固化峰值在可见光波段的光敏树脂，可以使用普通 DLP 投影机作为 3D 打印系统的核心。而且普通 DLP 投影系统对蓝紫光的损耗相对较低，依然可以选择蓝紫光波长的光敏树脂材料，配合运动系统实现一台初级的 DLP 型打印机。

以 DLP 技术为基础的 3D 打印技术正处于快速发展阶段，目前由于 DLP 型 3D 打印机的投影图像分辨率高，所以成型精度普遍高于传统激光扫描型打印机，而且单层固化时间短，制作时间短，在制作小尺寸精细工件时，具有强大优势。

2. 缺点

（1）由于 DMD 镜片偏转误差会使光斑尺寸发生变化，随着放大倍数的增大，有效光斑尺寸在总光斑尺寸中比例逐渐减小并最终会减小至 0，限制了光学系统放大倍数。又因为 DMD 芯片尺寸较小，使得 DLP 型 3D 打印机无法形成较大的投影幅面，很难完成大幅面的打印成型工作。

（2）DLP 型 3D 打印技术要求原材料为光敏树脂，材料种类较少而且性能难以取代现有工程塑料，在应用方面受限。而且光敏树脂类材料中只有一部分能用于 3D 打印，材料价格较为昂贵。

（3）DLP 型的 3D 打印机虽然对环境要求不高，但仍有一些基本的要求。首先，空气湿度必须在适宜范围内，因为暴露在潮湿空气中的树脂会吸收水分而被稀释，改变原材料中各成分的比例，导致成型失败。其次，要求周围环境中不存在紫外光源，一方面，外界环境中的紫外光会逐渐让树脂固化，造成材料浪费。另一方面，设备中的紫外光存在溢出的可能性，虽然较弱但在长时间照射下仍会对人体产生伤害，若疏于防范也会危害人员健康。

三、数字化光照加工技术的工艺流程

一个典型的 DLP 3D 打印过程包括：建立数字 3D 模型、模型切片处理、逐层打印、零件后处理，如图 4.2 所示。

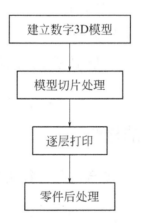

图 4.2　数字化光照加工技术的工艺流程

1. 建立数字 3D 模型

通过三维扫描仪或者利用计算机辅助设计软件获取到数字 3D 模型，目前主流的三维设计软件有 NX、Solidworks、Pro/ENGINEER 等。将三维模型输入电脑中，将电脑与 DLP 光固化 3D 打印机数据连接，电脑将三维模型形成数控编程，并将数控编程输送至 DLP 光固化 3D 打印机中。

2. 模型切片处理

利用离散程序将模型进行切片处理，计算出每层模型切片所对应的体积，设计照射形状，产生的数据将精确控制光源和升降台的运动，将数据导入打印机中开始打印。

3. 逐层打印

在逐层打印阶段，激光器根据切片形状，发出相应形状的光斑，该层树脂固化后，就完成了该片层的加工；然后升降台下降一定距离，固化层上覆盖另一层液态树脂，再进行第二层照射，第二固化层牢固地黏结在前一固化层上，这样一层层叠加而成三维工件原型。

4. 零件后处理

打印成功后将原型从树脂中取出后，进行最终固化，再经打光、电镀、喷漆或着色处理即得到要求的产品。可采用的后处理方法有：

(1) 手工处理。将 3D 打印机做出来的样品进行抽样打磨，装配。

(2) 喷油。将已经做出来的样品按照客户的要求，在无尘油房的环境里喷上颜色，使样品更加生动、鲜艳，增加样品的真实感。

(3) 电镀。为了产品部分细节更醒目，涂上一层烙银的产品色，电镀前的样件必须非常光滑，不能有任何杂质痕迹，然后浸泡在化学药水中。此操作分为水渡和真空渡。

四、数字化光照加工技术的材料

DLP 工艺材料按性能和应用场合可分为红蜡系列材料、高温材料、医疗亲肤系列材料和工业类材料。

1. 红蜡系列材料

红蜡系列材料是一种含有陶瓷颗粒的耐高温光敏树脂，该材料具有很高的分辨率，使用该材料打印的模型图案精细、表面质量光滑，广泛适用于珠宝首饰、微型医疗器械、齿轮、电气元件、小雕像和机械零件等精密熔模铸造领域。红蜡材料是一种纳米填充材料，用于制造耐磨、坚固、耐高温的部件，如泵房、叶片、风洞测试部件、光反射器和各种汽车应用部件。

2. 高温材料

高温材料极大地改变了制造商的 3D 打印功能。在承受橡胶模型硫化的热量和压力方面具有强劲优势，不会损失尺寸稳定性，可以用于需要耐热性的各种应用场合。例如，待金属化的物品、高温气体和高温液体测试场合。

3. 医疗亲肤系列材料

E-Shell 材料是一种生物兼容性亲肤材料，具有卓越的刚性和耐用性，可打印高强度、高韧性、防水零件，根据 ISO 10993（生物相容性标准）/ 医疗产品法，它具有 II A 级生物相容性，并通过 CE 认证，适用于助听器产品、耳塑料和医疗器械。

4. 工业类材料

E-Shore A 是 3D 打印机制造商 EnvisionTEC 研究出的一种新的 3D 打印材料，这种先进的工程级材料是一种类似聚氨酯的材料，可根据需要生产出肖氏 A 值为 40 或 80 的最终材料。E-Shore A 是一种为最终用途开发的防水性材料，例如鞋类、运动用品以及其他需要耐用性、舒适性和灵活性用途的产品。

五、数字化光照加工技术的应用

DLP 3D 打印技术作为诸多 3D 打印技术中的一种，具备不受复杂三维结构限制及个性化定制的优势，因而继承并拓展了其余 3D 打印技术在加工、生产上的应用。

1. 珠宝行业

DLP 技术已经广泛应用于珠宝首饰行业，珠宝首饰行业制造主要集中于广州番禺与深圳水贝，蜡模制造大多数都是使用喷蜡方式。由于国外进口设备及材料价格昂贵，故障率高，大大限制了 3D 打印技术在该领域的应用。传统工艺中，首饰工匠参照设计图纸手工雕刻出蜡版，再利用失蜡浇铸的方法倒出金属版，利用金属版压制胶膜并批量生产蜡模，最后使用蜡模进行浇铸，得到首饰的毛坯。制作高质量的金属版是首饰制作工艺中最为关键的工序，而传统方式通过雕刻蜡版来制作银版，将完全依赖工匠的水平，而且修改设计也相当烦琐。采用 3D 打印技术替代传统工艺制作蜡模的工序，将完全改变这一现状，3D 打印技术不仅使设计及生产变得更为高效便捷，更重要的是数字化的制造过程，使得制造环节不再成为限制设计师发挥创意的瓶颈。

2. 牙科医疗

DLP 技术在牙科行业中也有着应用，数字牙科是指借助计算机技术和数字设备辅助诊断、设计、治疗、信息追溯。口腔修复体的设计与制作目前在临床上仍以手工为主，设计效率低。数字化的技术不仅解决了手工作业烦琐的程序，更消除了手工建模精确度及效率低下的瓶颈。通过三维扫描、CAD/CAM 设计，牙科实验室可以准确、快速、高效地设计牙冠、牙桥、石膏模型和种植导板、矫正器等，将设计的数据通过 3D 打印技术直接制造出可铸造树脂模型，实现整个过程的数字化。3D 打印技术的应用，进一步简化了制造环节的工序，大大缩短了口腔修复的周期。

3. 其他行业

DLP 技术更多的应用是可以与其他 3D 打印技术通用，比如新产品的初始样板快速成型、精细零件样板。同时随着光敏树脂复合材料的不断丰富，如类 ABS、耐热树脂、陶瓷树脂等新材料的开发，越来越多的应用将会被引入 DLP 3D 打印技术中。

任务一

3D 打印花瓶

任务布置

花瓶是人们家中常用的物品之一，花瓶造型各异，好看的花瓶更能凸显出鲜花的美丽，本任务使用 DLP 打印机打印花瓶。花瓶如图 4.3 所示，其造型结构简单，适合初学者练习打印。

(a)   (b)

图 4.3　花瓶

⚙ 任务目标

一、知识目标

理解数字化光照加工技术（DLP）的原理；

掌握用软件对花瓶零件模型进行打印前 3D 处理的方法；

理解数字化光照加工技术（DLP）打印机参数功能含义；

掌握数字化光照加工打印机操作和零件后处理的方法。

二、技能目标

能使用软件对花瓶零件模型进行打印前 3D 处理；

能够遵守实验室的安全操作规范，正确操作数字化光照加工打印机设备进行打印机参数设置，并完成打印；

能完成零件的后处理；

能够完成打印机日常清扫与保养。

三、素养目标

打印过程中，通过对企业 6S 管理规范的执行，培养良好的职业规范意识（工服、防护用品、工具箱和工作台整洁等），工作现场达到企业 6S 管理的要求；

在对花瓶零件模型修复过程中，培养仔细认真的工作作风，并同时培养对美的认识和鉴赏能力。

 任务分析

花瓶作为一个日常实用的物品，不仅要用来装花，也是家庭的一个装饰品。本次打印使用光敏树脂材料，结实耐用，打印过程中没有添加支撑，使表面质量更好。

 任务实施

一、花瓶 3D 模型处理

1. Magics 软件处理

（1）使用 Magics 软件对模型进行处理修复，该模型为其他软件使用放样绘制而成的实体，需要先将模型抽壳，点击 命令进入如图 4.4 所示的界面，选择壳体的壁厚以及细节尺寸等一些参数信息。

图 4.4　模型抽壳

（2）抽壳完成后点击界面右侧【视图工具页】中的【多截面】命令，激活其中一个类型查看剖视图，可看到模型内部结构，如图4.5所示。

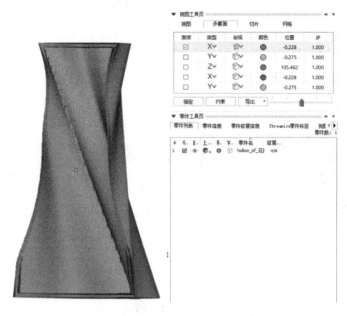

图 4.5　剖视图

（3）打印的过程中可能会出现由于空气压强造成模型损坏，所以使用【打孔】命令在模型侧下方增加孔洞。为了保证花瓶的可使用性，将孔洞位置单独打印出来，后面使用专业胶水进行黏合。

（4）将花瓶口的面进行删除后，创建桥重新进行填补，使用修复向导（图4.6）将模型中的问题进行检查修复，检查无误后保存导出。

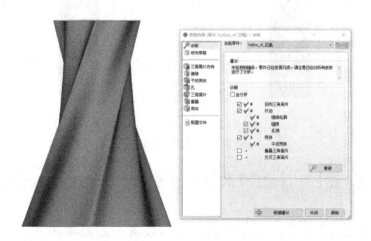

图 4.6　修复向导

2. Uniz 软件处理

Uniz 软件是多功能 3D 打印软件,支持 USB 和 LAN 两种可连接打印机方式,可以打印出模型的细小特征,软件还支持两种支撑方式:自动生成以及手动编辑。

(1)打开在 Magics 中修复好的模型,提示如图 4.7(b)所示的对话框,点击"是"将模型进行自动缩放。

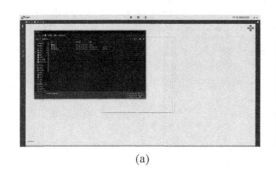
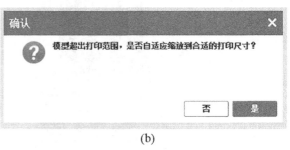

(a)   (b)

图 4.7 模型导入

(2)在软件的左侧工具栏中可以对模型进行一些位置调整以及大小缩放,如图 4.8 所示。

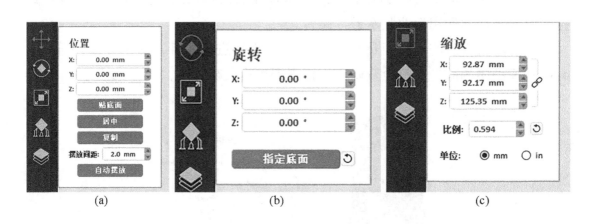

(a)   (b)   (c)

图 4.8 模型调整

(3)点击【支撑】—【抬升】将补洞的模型向上升高 5mm,根据图 4.9 调节参数信息。

(4)单击【切片】命令,对模型切片参数设置,如图 4.10 所示。

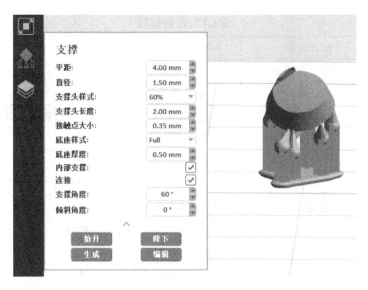

图 4.9　支撑参数

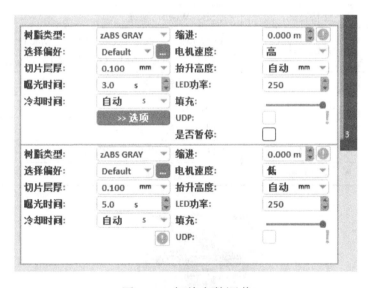

图 4.10　切片参数调节

二、3D 打印花瓶模型

1. 打印准备

使用的打印设备为 E200-Mohou, 采用 "连续水冷面曝光" 技术, 打印速度提升一倍。打印设备参数详见表 4.1。打印机见图 4.11。

表4.1　设备参数

概述	打印体积	192mm×120mm×200mm
	XY 轴向分辨率	75μm
	打印精度	±20μm
	层厚（Z 轴向分辨率）	10μm，25μm，50μm，100μm，150μm，200μm，300μm
	分离技术	高分子膜分离技术
	支撑技术	智能支撑生成技术
	打印速度	1000cm³/h，200mm/h（薄壁结构）
	树脂液位控制	自动液位控制
硬件	体积/重量	350mm×400mm×530mm（$W×H×D$），14kg
	工作温度	建议 18 ～ 28℃
	电源	100 ～ 240V AC，3A 50/60Hz，240W
	光学系统	5500（±300）lx 蓝光 LED 阵列折射率匹配液冷系统
	机械	铸铝及 CNC，注射成型
	连接方式	USB，Wi-Fi，网线
系统	系统要求	Windows 7 及以上（仅限 64 位），Mac OS X 10.7 及以上（仅限 64 位），16GB RAM，OpenGL 2.1，独立显卡
	设备特性	多台打印机管理
		内置模型修复
		超大文件支持（1GB+）
	适用格式	STL，OBJ，AMF，3MF，UNIZ
	兼容系统	安卓手机和平板

图 4.11　打印机

2. 打印的操作步骤

（1）将打印机和处理模型的电脑相连接，树脂池先从打印机上拆下，单击界面右上侧工具栏中的【测试】按钮，软件中弹出图 4.12（a）所示的对话框，单击"是"。打印机投射出蓝光，表示打印机状态正常［图 4.12（b）］。

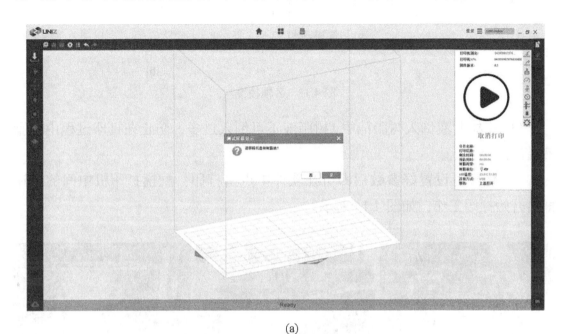

(a)

(b)

图 4.12　打印机测试

（2）打印机Z轴校准。点击界面右上侧工具栏中的【Z轴校准】弹出如图4.13（a）所示的对话框，单击"是"，界面中弹出如图4.13（b）所示的对话框，将洗干净的托盘用手慢慢压到接近屏幕，然后逆时针转动丝杠，使托盘贴合屏幕后停止，单击图 4.13（b）中的"是"，托盘会自动上升并记录 Z 轴行程。

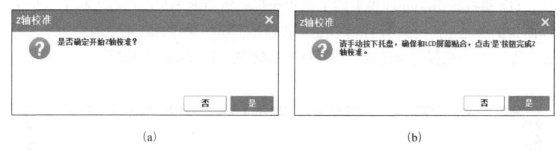

图 4.13　Z 轴校准

（3）将树脂液倒入树脂池中（树脂液不可倒入过多，防止在打印过程中树脂液溢出）。

（4）将模型设置好参数后即可在软件中点击打印，触摸打印机中间的按钮即可开始打印工作，如图 4.14 所示。

图 4.14　打印过程

三、花瓶模型的后处理

（1）花瓶打印完成后静置 10min，托盘和模型上的树脂液滴落干净，佩戴橡胶手套将托盘拆下，注意不要将树脂液弄到衣服上，树脂液清洗需要使用酒精。

（2）使用小铲子将打印好的花瓶从托盘上拆下，如图 4.15 所示。

（3）用酒精清洗干净模型，如图 4.16 所示。

（4）使用专业胶水将孔洞粘好。

（5）在通风地方放置模型。

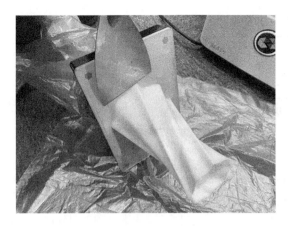

图 4.15　拆除模型

图 4.16　清洗模型

四、打印机清理

（1）将树脂池中的余料倒出，树脂池使用酒精清洗干净后装回打印机上，如图 4.17 所示。

图 4.17　清理树脂池

（2）将托盘清洗干净装回打印机。

（3）使用酒精将实验室的地面进行清洗打扫。

任务评价

在完成以上几个教学环节的基础上，对本任务做总结，针对学生完成任务情况，完成任务过程中的规范性、态度、参与度、协作能力等方面进行评价，任务评价表如表 4.2 所示。

表4.2 任务一评价表

任务名称		花瓶					
姓名		班级		评价日期			
		学号					
评价项目	考核内容	考核标准		配分	小组评分	教师评分	总评
任务完成情况评定（80分）	任务分析	正确率100%　　　5分 正确率80%　　　4分 正确率60%　　　3分 正确率<60%　　0分		5分			
	制定方案	合理　　　　　　10分 基本合理　　　　6分 不合理　　　　　0分		10分			
	模型处理	参数设置正确　　20分 参数设置不正确　0分		20分			
	3D打印成型	操作规范、熟练　10分 操作规范、不熟练 5分 操作不规范　　　0分 加工质量符合要求 20分 加工质量不符合要求 0分		30分			
	后处理	处理方法合理　　5分 处理方法不合理　0分 操作规范、熟练　10分 操作规范、不熟练 5分 操作不规范　　　0分		15分			
职业素养（20分）	劳动保护	按规范穿着工装，穿戴防护用品		每违反一次扣5分，扣完为止			
	纪律	不迟到、不早退、不旷课、不吃喝、不游戏打闹、不玩手机					
	表现	积极、主动、互助、负责、有改进精神、有创新精神					
	6S规范	是否符合6S管理要求					
总分							
学生签名		组长签名			教师签名		

拓展延伸

应用创新：我国成功研制国内首套滑块白合金堆焊机器人工作站

据报道，2020年8月，我国成功研制国内首套滑块白合金堆焊机器人工作站，用于客户公司低速柴油机滑块的专业化批量焊接加工，提升了重型船舶关键模块生产的智能化水平。

滑块白合金堆焊机器人工作站，通过六自由度专用焊接机器人代替传统三轴机床，采用直径4mm高速送丝、高效TIG焊接，实现了试件端的平面及凹槽环面的焊接轨迹规划及自动焊接，并通过工艺优化，使白合金与基底的异种材料结合面具备良好的结合强度，同时堆焊层内部及表面质量无缺陷，有效提高焊接效率和焊接质量。

该机器人工作站的成功研制，标志着我国在白合金堆焊领域取得新突破，为后续承担同类产品的研制奠定了坚实基础。

任务二

3D 打印埃菲尔铁塔模型

任务布置

埃菲尔铁塔是法国巴黎战神广场的标志性建筑物，是一座镂空结构的铁塔，高300m，天线高24m，总高324m，造型优美，深受人们喜爱，越来越多的人想购买小型的埃菲尔铁塔模型，所以某公司想要迎合大众市场需求，采用3D打印技术赶制一批如图4.18所示的埃菲尔铁塔模型。

(a)   (b)

图 4.18　埃菲尔铁塔模型

任务目标

一、知识目标

了解 DLP 打印机打印细节过多模型的方式和优势；

了解数字光照加工技术打印镂空件的精度和表面质量；

能够使用专业软件对导出的模型加载支撑，根据使用需求修改适当参数；

掌握对镂空模型去除支撑；

掌握用软件对零件模型进行打印前 3D 处理的方法。

二、技能目标

能使用软件对零件模型进行打印前 3D 处理；

能够遵守实验室的安全操作规范，正确操作数字化光照加工打印机设备进行打印机参数设置，并完成打印；

能完成零件的后处理；

能够完成打印机日常清扫与保养。

三、素养目标

打印过程中，通过对企业6S管理规范的执行，培养良好的职业规范意识（工服、防护用品、工具箱和工作台整洁等），工作现场达到企业6S管理的要求；

在对埃菲尔铁塔模型修复过程中，养成仔细认真的工作作风，并同时培养对细节处理的精益求精的工匠精神。

 任务分析

本任务是打印埃菲尔铁塔模型，埃菲尔铁塔镂空细节多，很多地方尺寸过小，打印时需要将模型拆为上下两个部分打印，在后处理过程拆除支撑时应该注意拆除方式和角度，防止损坏埃菲尔铁塔的整体造型。

任务实施

一、埃菲尔铁塔 3D 模型处理

1. Magics 软件处理

将埃菲尔铁塔模型导入 Magics21.0 软件中进行处理修复，"Ctrl+F"进入【修复向导】界面选择壳体，合并所有壳体即可将反向三角面自动修复，图4.19（a）是未修的模型，图4.19（b）为修过的模型，可发现图4.19（a）中一些细小的反向三角面都已完全修复。

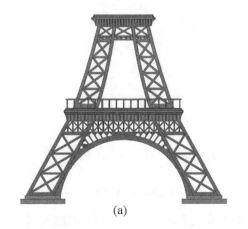 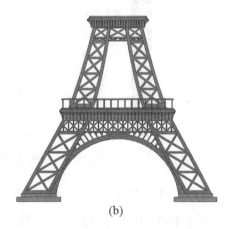

(a)　　　　　　　　　　　　　　　(b)

图 4.19　模型修复

2. Uniz 软件处理

（1）将修好的两部分模型同时导入 Uniz 软件中，由于模型尺寸过大，需要将模型缩放 70% 才可进行打印。点击软件界面左侧工具栏的【缩放】—【比例】，输入比例为 0.700，单位选择 mm（注意缩放时需要将两个模型同时选中一起缩放），如图 4.20 所示。

图 4.20　模型缩放

（2）缩放完成后可发现两部分模型是重合在一起的，点击【位置】命令，选中一个模型进行拖动放置在合适的位置，然后拖动另一个模型调整位置，如图 4.21 所示（选中的模型为蓝色，未选中的模型为白色）。

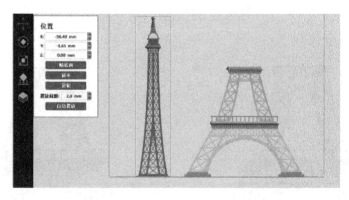

图 4.21　模型移动

（3）点击【支撑】显示如图 4.22 所示的界面，根据图 4.22 所示参数进行调节，点击【生成】软件自己生成支撑，点击【编辑】可以手动添加和删除支撑。

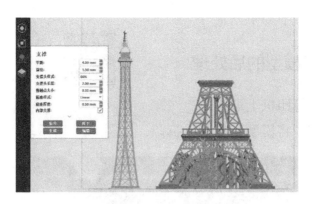

图 4.22　添加支撑

（4）点击【切片】软件中显示如图 4.23 所示的对话框，各个参数也根据对话框所显示进行调节。

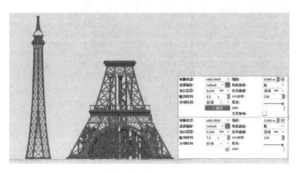

图 4.23　切片参数

二、3D 打印埃菲尔铁塔模型

（1）测试打印机状态。

（2）Z 轴校准。

（3）开始进行打印。

模型打印见图 4.24。

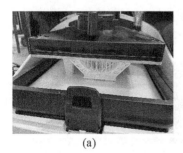
(a)

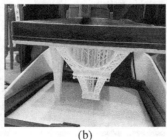
(b)

(c)

图 4.24　模型打印

三、埃菲尔铁塔模型的后处理

（1）将托盘从打印机上取下。

（2）使用小铲子将模型从托盘上拆除，如图 4.25 所示。

图 4.25　模型拆除

（3）戴上专业手套，使用酒精对模型进行清洗。要将模型的各个边角清洗彻底，可使用一些柔软的小刷子清洗，在清洗一些细小的部分时应格外仔细。

（4）使用小剪钳对模型的支撑进行拆除，如图 4.26 所示，注意拆除力度和角度。

图 4.26　拆除支撑

（5）对一些不好直接拆除的地方可使用砂纸进行打磨。

（6）将两个模型处理好后使用专业胶水将两个模型粘在一起，如图 4.27 所示。

(a)

(b)

(c)

图 4.27　模型粘接

四、打印机清理

（1）将打印机剩余的树脂液残渣过滤倒掉。

（2）将托盘和树脂液池清理干净，装回打印机。

（3）关闭打印机电源。

（4）用酒精、清洗工具将实验室地面清理干净。

任务评价

在完成以上几个教学环节的基础上，对本任务做总结，针对学生完成任务情况，完成任务过程中的规范性、态度、参与度、协作能力等方面进行评价，任务评价表如表 4.3 所示。

表4.3　任务二评价表

任务名称		埃菲尔铁塔模型					
姓名		班级		评价日期			
		学号					
评价项目	考核内容	考核标准		配分	小组评分	教师评分	总评
任务完成情况评定（80分）	任务分析	正确率100%　　　5分 正确率80%　　　4分 正确率60%　　　3分 正确率＜60%　　0分		5分			
	制定方案	合理　　　　　　10分 基本合理　　　　6分 不合理　　　　　0分		10分			
	模型处理	参数设置正确　　20分 参数设置不正确　0分		20分			
	3D打印成型	操作规范、熟练　10分 操作规范、不熟练　5分 操作不规范　　　0分 加工质量符合要求　20分 加工质量不符合要求　0分		30分			
	后处理	处理方法合理　　5分 处理方法不合理　0分 操作规范、熟练　10分 操作规范、不熟练　5分 操作不规范　　　0分		15分			
职业素养（20分）	劳动保护	按规范穿着工装，穿戴防护用品		每违反一次扣5分，扣完为止			
	纪律	不迟到、不早退、不旷课、不吃喝、不游戏打闹、不玩手机					
	表现	积极、主动、互助、负责、有改进精神、有创新精神					
	6S规范	是否符合6S管理要求					
总分							
学生签名		组长签名		教师签名			

技术创新："空间在轨增材制造"入选 2020 年宇航领域十大科学问题和技术难题

在中国航天大会上，2020 年宇航领域十大科学问题和技术难题发布，面向空间超大型天线结构的在轨增材制造技术与超大型空间光学装置在轨组装和维护技术被纳入其中。这两项技术，均属于空间在轨制造范畴。

空间在轨增材制造、在轨组装可将单次／多次发射入轨的结构模块、功能模块等基本单元依序组装成期望的大型空间系统。航天器的质量往往非常大，但实际上在空间微重力环境下并不一定需要结构非常强，航天器的结构做得很重、很大，是因为要经受住航天发射过程中巨大的冲击。如果能够实现空间在轨制造，也将大大减轻航天发射的成本。

空间在轨增材制造属于在轨制造的一种重要形式，它将有效解决未来空间超大型天线系统建设的难题，为超大型空间结构的在轨建设和维护提供有效手段，对推动我国天文观测、空间太阳能发电等领域技术发展与应用具有重要作用。

？习题

一、填空题

1.（　　　　　） 3D 打印技术与 SLA 技术十分类似，甚至被认为是 SLA 技术的一个变种。这两种技术都是利用感光材料在紫外光照射下快速凝固的特性来实现固化成型。

2. DLP 工艺流程包括（　　　　　）、（　　　　　）、（　　　　　）、（　　　　　）。

3. DLP 工艺零件后处理的方式主要有（　　　　　）、（　　　　　）、（　　　　　）等。

4. 取模型时要戴（　　　　　）操作，避免皮肤直接接触树脂造成伤害。先将工作台上多余的树脂材料刮去，再使用（　　　　　）等工具配合手动操作取下已成型的各个零件模型。取模型时动作要（　　　　　），以免对零件造成损伤。

5. 取下的零件，需要使用不同清洁度的（　　　　　　　）进行清洗，洗去模型表面附着的多余树脂材料。

6. 成型后处理包括（　　　　　　　）、（　　　　　　　）、（　　　　　　　）、（　　　　　　　）。

数据处理包括（　　　　　）、（　　　　　）、（　　　　　）、（　　　　　）、（　　　　　）、（　　　　　）。

7. （　　　　　　　）是将三维模型表面三角网格化获得的，这种三角网格化算法经常在有限元分析中使用。

8. 对于模型，三角形网格化误差越（　　　　　），曲面越（　　　　　），所需要的三角形面片的数目就越（　　　　　），STL 文件就越（　　　　　）。

二、简答题

1. 简述 DLP 技术的打印原理。

2. DLP 型 3D 打印机具有什么独特的优势？

项目五

选择性区域光固化技术（LCD）

项目导入

　　3D 打印是新型快速成型制造技术。它通过多层叠加生长原理制造产品。它能克服传统机械加工无法实现的特殊结构障碍，可以实现任意复杂结构部件的简单化生产。在 3D 打印技术里，相对于发展多年的成熟技术（FDM）和中高端应用优势明显的 SLA 和 DLP 技术，选择性区域光固化技术（LCD）技术才刚刚开始，近几年开始流行起来，以 DLP 为基础研究开发，成本大大降低，入手门槛低，精度媲美 DLP。就印刷速度而言，LCD 的印刷原理是全面成型，因此印刷速度相当快。随着 3D 打印技术的飞速发展，珠宝行业正在迎来 3D 打印带来的技术变革，3D 打印凭借其特有的技术特点解决了珠宝设计中遇到的诸多难题——简化设计流程、丰富外观设计、个性定制需求等。消费者的需求是由实用向时尚转变的，在消费者眼中定制化设计的产品有着与众不同的内涵和意义。选择性区域光固化技术（LCD）不仅在珠宝行业具有广泛的应用，在牙科模型、模型建筑、游戏手办等方面也得到广泛的应用。本项目将介绍光固化成型技术（SLA）的基本知识；适用材料、工艺特点及工艺流程；对零件模型进行打印前处理；使用打印机完成模型打印；对打印的模型进行后处理操作；完成光固化打印机日常清扫与保养。

项目目标

1. 了解选择性区域光固化技术（LCD）的基本知识；
2. 能对零件模型进行打印前的切片处理；
3. 能操作使用软件设置打印机参数并操作设备进行模型打印；
4. 能对打印的模型进行后处理操作；
5. 能够完成 LCD 打印机日常清扫与保养。

一、选择性区域光固化技术的原理

LCD 3D 打印机是利用液晶屏 LCD 成像原理，在计算机及显示屏电路的驱动下，由计算机程序提供图像信号，在液晶屏幕上出现选择性的透明区域，紫外光透过透明区域，照射树脂槽内的光敏树脂耗材进行曝光固化，每一层固化时间结束，平台托板将固化部分提起，让树脂液体补充回流，平台再次下降，模型与离型膜之间的薄层再次被紫外光曝光。由此逐层固化上升打印成精美的立体模型。LCD 技术按照光源波长的不同分为两种，一种是 405nm 紫外，另一种是 400 ～ 600nm 可见光。其成型原理如图 5.1 所示。

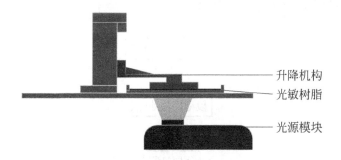

升降机构
光敏树脂
光源模块

图 5.1　选择性区域光固化技术的原理

二、选择性区域光固化技术的特点

1. 优点

（1）结构简单，便于组装和维修。通过使用 LCD 屏幕遮盖紫外光源来照亮 3D 打印的横截面。从本质上讲，这取代了 DLP 的投影仪装置。

（2）性价比高。使用 LCD 打印，可以获得 DLP 相当的速度，而且设备更轻，其以更紧凑、更小、更便宜的屏幕代替了 DLP。

（3）可多个模型同时打印。

（4）树脂通用。

2. 缺点

（1）使用寿命不如 DLP 长。随着时间的流逝，LCD 屏幕可能会磨损，而 DLP 投影机将保持更长的使用寿命。现在最新的黑白屏 LCD 的理论使用寿命超过 2000h，相比之前的彩色屏幕有了很大的提高（原来彩屏基本都不到 500h）。

（2）光源强度不如 DLP。目前最常用的三种光固化工艺采用的光源，在速度上 DLP > LCD > SLA。

目前常见的光固化 3D 打印机类型有 SLA、DLP 和 LCD。这其中又属 LCD 使用最广泛，它在成型的时候比 SLA 快得多，价格又比 DLP 和 SLA 便宜。但其使用寿命及光源强度均不如 DLP。

三、选择性区域光固化技术（LCD）的工艺流程

一个典型的 LCD 3D 打印过程包括：建立数字 3D 模型、模型切片处理、逐层打印、零件后处理，如图 5.2 所示。

图 5.2　选择性区域光固化技术的工艺流程

1. 建立数字 3D 模型

通过三维扫描仪或者利用计算机辅助设计软件获取数字 3D 模型，目前主流的三维设计软件有 NX、Solidworks、Pro/ENGINEER 等。将三维模型输入电脑中将模型转化成可切片的 .stl/.scl/.obj 格式。

2. 模型切片处理

利用离散程序将模型进行切片处理，计算出每层模型切片所对应的体积，

设计照射形状，产生的数据将精确控制光源和升降台的运动，将切片程序导入打印机中开始打印。

3. 逐层打印

紫外光透过透明区域，照射树脂槽内的光敏树脂耗材进行曝光固化，每一层固化时间结束，平台托板将固化部分提起，让树脂液体补充回流，平台再次下降，模型与离型膜之间的薄层再次被紫外光曝光。由此逐层固化上升打印成精美的立体模型。

4. 零件后处理

打印成功后将模型从打印平台上取下，进行最终固化，打磨或着色处理即可得到产品。可采用的后处理方法有：

（1）固化。放入固化箱，利用紫外光对模型进行固化处理，使其具备更高的强度。

（2）打磨。使用水砂纸等对模型表面进行打磨处理，使其更加光滑，更符合精度要求。

四、选择性区域光固化技术的材料

随着 3D 打印技术的不断发展，光敏树脂材料技术也不断进化，以下为需求最广的光敏树脂材料。

1. 通用树脂

最开始的时候，虽然 3D 打印树脂设备的厂商都出售他们的专有材料，然而，配合着市场的需求，出现了大批的树脂厂商，包括 MadeSolid、MakerJuice和 Spot-A 等。

开始时，桌面树脂的颜色和性能都很受局限，那时候大概只有黄色和透明色的材料。近几年颜色已经扩展到橘色、绿色、红色、黄色、蓝色、白色等颜色。

2. 硬性树脂

通常用于桌面 3D 打印机的光敏树脂有点脆弱，容易折断和开裂。为了解决这些问题，许多公司已经开始生产更强硬、更耐用的树脂。比如 Formlabs 新推出的 ToNXh Resin 树脂材料，该材料在强度和伸长率之间取得了一种平衡，使 3D 打印的原型产品拥有更好的抗冲击性和强度，例如制造一些需要精密组合部件的零部件原型，或者卡扣接头的原型。

3. 熔模铸造树脂

传统制造工艺具有复杂漫长的制作流程，并且受模具限制使得首饰的设计自由度低，尤其是与 3D 打印蜡模相比，还多了对蜡模模具的制作工序。这种树脂的膨胀系数不高，并且在燃烧的过程中，所有的聚合物都需要烧掉，只留下完美的最终产品形状。否则，任何塑料残留物都会导致铸件的缺陷和变形。在这方面，设备厂商 Sprint Ray 以及专门的材料厂商 Fun To Do 都提供此类的树脂，国内塑成科技也推出了用于熔模铸造的树脂材料 CA。

4. 柔性树脂

柔性树脂制造商包括 Formlabs、FSL3D、Spot-A、Carbon、塑成科技等。柔性树脂是一种中等硬度、耐磨、可反复拉伸的材料。这种材料用于需要反复拉伸的铰链和摩擦装置的零部件中。

5. 弹性树脂

弹性树脂是在高强度挤压和反复拉伸下表现出优异弹性的材料。3D 打印的弹性树脂材料是非常柔软的橡胶类材料，在打印比较薄的层厚时会很柔软，比较厚的层厚时会变得非常有弹性和耐冲击。弹性树脂的应用可能性是无止境的，这种新材料将应用于制造完美的铰链及减震、接触面和其他工程中。

6. 高温树脂

高温树脂是许多树脂制造商一直关注的研究和发展方向，因为对于液态树脂固化领域来说，长久以来困扰树脂走向消费级和工业级应用的是这些塑料的老化问题。而 Carbon 的氰酸酯（cyanate ester）树脂，热变形温度高达 219℃，在高温下保持良好的强度、刚度和长期的热稳定性，适用于汽车及航空工业的模具和机械零件。

7. 生物相容性树脂

在生物相容性树脂领域，桌面 3D 打印机制造商 Formlabs 独树一帜。Formlabs 的牙科 SG 材料符合医疗标准，对人体、环境安全友好，具有半透明性，可以用作外科材料和导频钻导板。该材料不仅可以用于牙科行业，也适用于整个医疗行业。

8. 陶瓷树脂

这种树脂在 3D 打印后经过过火可以生成致密的陶瓷部件。使用这种技术 3D 打印的超强陶瓷材料能够承受超过 1700℃高温。而市面上的陶瓷光固化技术，多是将陶瓷粉末加入可光固化的溶液中，通过高速搅拌使陶瓷粉末在溶液中分散均匀，制备高固相含量、低黏度的陶瓷浆料。然后使陶瓷浆料在光固化成型机上直接逐层固化，累加得到陶瓷零件素坯，最后通过干燥、脱脂和烧结等制备工艺得到陶瓷零件。

9. 日光树脂

日光树脂与在紫外光下固化的树脂不同，在正常日光下固化，因此它不再依赖于紫外光，并且可以使用液晶屏来固化这些树脂。

五、选择性区域光固化技术的应用

LCD 3D 打印技术作为诸多 3D 打印技术中的一种，其具备较好的精度和强度，且速度也可媲美 DLP 技术。

1. 动漫手办

可以将动漫爱好者制作的作品通过 LCD 设备打印出来，得到如高分辨率表情的高清展现，应用于展览、展会等，与机械加工制造相比可大大降低成本。

2. 工业研发

一些尺寸精度高、强度较高的材料，研制后如果投入生产验证成本非常高昂，利用该技术可以满足其测试、验证的要求，解决成本问题。

3. 建筑设计

可以将设计好的模型进行打印，对结构等进行验证，并可直观地呈现效果。

4. 工艺饰品

一些无法批量生产的工艺品，以及工艺饰品生产商的一些个性化需求，其成本往往较高，同样可以通过 LCD 打印工艺完成。

5. 医学应用

LCD 技术可完成空心模型的打印，医疗行业中的假肢往往需要根据病人的身体结构进行定制，LCD 技术即可以满足类似假肢等医疗器械的个性化生产。

6. 服装

LCD 技术可完成精度较高的鞋类、服装的翻模任务。

7. 其他行业

LCD 技术可选用的树脂范围较广，随着市场上越来越多树脂材料的出现，相信可以应用于更多的行业。

任务

3D 打印开合机构

任务布置

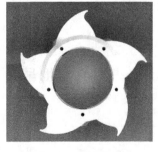

图 5.3　开合机构

开合机构通常被用于摄像头等设备，对内部设备进行一定的保护且开合方便。整个机构是由 1 个缸体、5 个扇叶盖板、1 个旋转盘、1 个压盖共 8 个零件组成的组合套件。本任务即介绍使用 LCD 打印机完成开合机构的制作。开合机构模型如图 5.3 所示。

任务目标

一、知识目标

理解选择性区域光固化技术（LCD）的原理；

掌握用打印设备配套软件对开合机构模型进行打印前模型处理的方法；

理解选择性区域光固化 3D 打印技术（LCD）打印机参数功能含义；

掌握选择性区域光固化 3D 打印机操作和零件后处理的方法。

二、技能目标

能使用设备软件对开合机构模型进行打印前 3D 处理；

能够遵守实验室的安全操作规范，正确操作选择性区域光固化打印机设备进行打印机参数设置，并完成打印；

能完成零件的后处理；

能够完成打印机日常清扫与保养。

三、素养目标

打印过程中，通过对企业 6S 管理规范的执行，培养良好的职业规范意识（工服、防护用品、工具箱和工作台整洁等），工作现场达到企业 6S 管理的要求；

在对开合机构模型修复过程中，培养仔细认真的工作作风。

任务分析

本任务选用的材料为类 ABS 型光敏树脂材料，打印后的模型结实耐用，打印过程中没有添加支撑，其表面质量更好。

任务实施

开合机构的打印共分为 3D 模型处理、3D 打印和后处理三个步骤，以下详细讲解和演示了模型处理的方法，打印设备的操作方法、参数设置和后处理方法等知识内容。

一、开合机构 3D 模型处理

1. 模型载入

本任务选用的软件是设备配套的专用切片软件 CHITUBOX。首先单击软件底部的文件夹图标将所有零件模型全部导入进来，或者选择左上角的【打开文件】选项将软件一次性载入操作界面中，如图 5.4 所示。

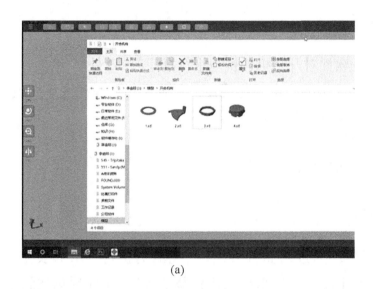

(a)

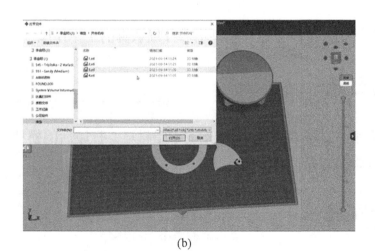

(b)

图 5.4　导入零件模型

2. 模型姿态确定

许多零件都可以有多种摆放方式，不同的摆放方式往往会决定打印效率的快慢，效果的好坏，对材料的消耗、模型的强度及精度等产生直接影响。首先选择【自动布局】中的居中按钮将所有组件模型进行居中，如图 5.5 所示。

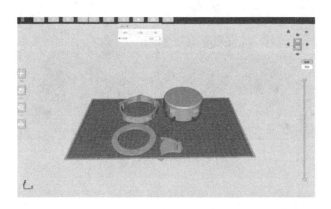

图 5.5　放置模型组件

选择最高的缸体模型进行调整。拖动右侧切片预览进度条观看当前姿态下模型悬空部分，即需要添加支撑的部位。使用界面左侧的【移动】、【旋转】功能调整模型的位置、角度等，如图 5.6 所示。

图 5.6　调整模型

将姿态调整到认为最为合理的位置后，再次拖动切片预览进度条查看需要添加支撑的区域，经调整该任务中的缸体模型不需添加支撑即可完成打印。其摆放姿态如图 5.7 所示。

用同样的方法依次对其他模型进行调整，确定好最佳摆放姿态。如图 5.8 所示，在此姿态下，所有模型均无须添加支撑即可完成打印。这样节省了树脂消耗，节约了成本，同时也会提高打印强度，从设计上即为管理提供了保障和支撑。至此，该任务的模型姿态摆放得到确定。

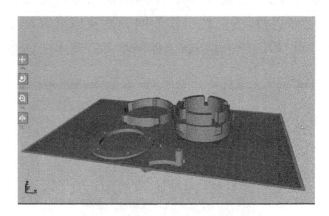

图 5.7　确定摆放姿态

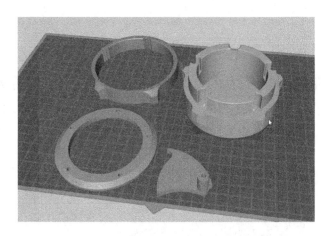

图 5.8　确定所有模型最佳摆放姿态

本任务中有 5 个扇叶盖板，可以利用【复制】功能复制出 5 个扇叶盖板，如图 5.9 所示。

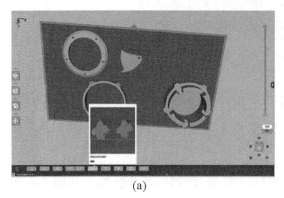
(a)

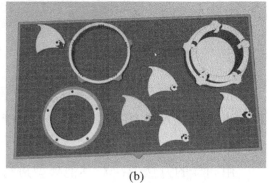
(b)

图 5.9　复制扇叶盖板

复制后单击【自动布局】，系统会自动计算出合理的布局，如图 5.10所示。

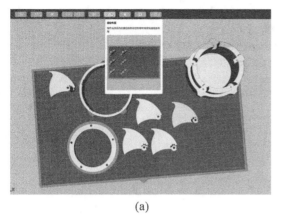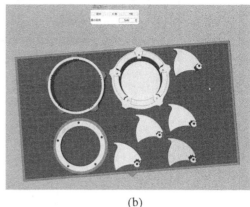

(a)   (b)

图 5.10   自动布局

3. 切片参数设置

单击软件右侧的【切片设置】，在弹出的对话框中首先对【机器】的参数进行设置，设置为本任务使用打印设备的参数，如图 5.11 所示。

图 5.11   切片参数设置

将【树脂】参数设定为树脂供应商提供的参数，如图 5.12 所示。

接下来对【打印】参数进行设置，【打印】参数是切片设置中最为重要的数据，将支撑整个打印过程，因此需要仔细研究核对，避免导致打印环节出错。本任务设置的层厚为 0.1mm，具体参数如图 5.13 所示。

图 5.12　设置参数

图 5.13　打印参数设置

4. 切片处理

模型参数设置好后，单击【切片】对模型进行切片处理，切片后的界面如图 5.14 所示。

界面的左侧是打印预览区域，界面右侧是实际打印过程中，紫光灯照射产生的形状区域，拖动进度条即可对不同时间内照射产生的形状进行观看。同时切片后还可以在软件中查看打印时间、打印所占体积、打印零件的重量等参数。

其中体积、重量用于判断打印机料斗中的树脂是否可以支撑模型的打印完成，如果超出料斗中树脂的用量，要在打印途中进行树脂的补充，因此这两项为重要指标，需要重点关注，如图5.15所示。

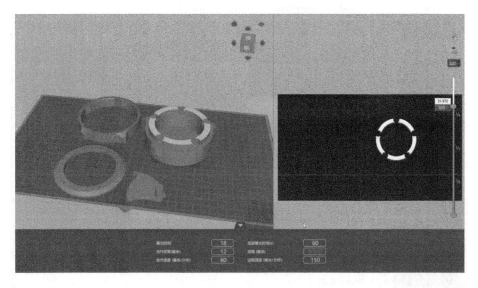

图 5.14　切片处理

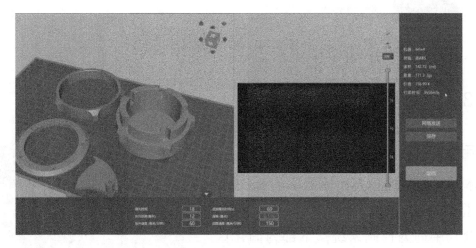

图 5.15　打印界面

5. 数据传输

模型经切片处理后，如3D打印与电脑网络相通，则可以选择【网络发送】将切片后的文件直接传输到打印机，如未实现网络通信可以单击【保存】将切片程序保存到本地电脑，如图5.16所示。

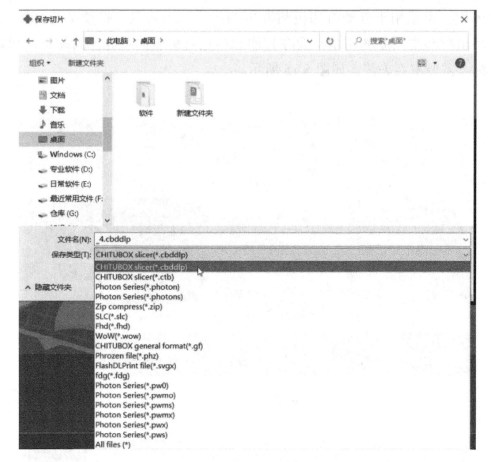

图 5.16　选择打印机

二、3D 打印开合机构模型

1.选用设备介绍

　　本任务选用的是天津博盛睿创 BS3DPL-H550 型打印机，如图 5.17 所示。其上部为打印仓，中间为控制系统，下部为固化区。该设备打印速度快，可多个模型同时打印，且固化速度快，固化空间大，适合本任务的完成。

2.设置打印参数

　　打印设备参数详见表 5.1。

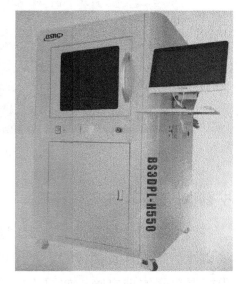

图 5.17　打印机

表5.1 设备参数

设备型号	BS3DPL-H550
机器尺寸	1100 (L) mm×1100 (W) mm×1800 (H) mm
产品净重	350kg
打印软件	ChiTu
文件格式	.stl/.scl/obj
打印尺寸	345.6 (L) mm×194.4 (W) mm×550 (H) mm
Z 轴精度	0.00125mm
打印速度	20mm/h（Z 轴最大）
像素尺寸	3840×1260
支撑功能	一键自动生成，可编辑
耗材属性	光敏树脂
技术原理	光固化技术（LCD）
固化空间	650 (L) mm×940 (W) mm×630 (H) mm
固化时长	0 ～ 60s，可调
连接方式	U 盘
层厚	0.01 ～ 0.2mm
额定功率	750W
适应系统	Windows7 及以上

3. 打印前期准备

（1）添加树脂。将本任务用到的光敏树脂瓶上下、左右摇匀，后倒入设备的树脂料槽中，一般料槽的 1/3 为最佳液位，如不能够支撑模型打印完成，可在打印途中进行添加，如图 5.18 所示。剩余树脂应进行密封、避光储存，保证下次可以正常使用。

（2）打印平台回零。单击操作面板上的【工具】选择【手动】后单击 按钮，打印平台即开始进行回零运动，如图 5.19 所示。

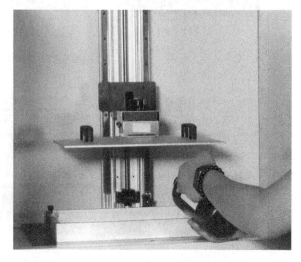

图 5.18 添加树脂

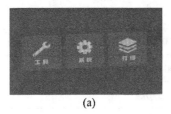
(a)

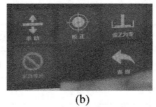
(b)

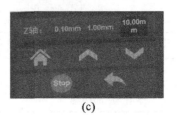
(c)

图 5.19　打印平台回零

随着打印平台的不断下降，当设备发出滴滴声，即表示回零操作完成，如图 5.20 所示。

4. 打印实施

单击【打印】选择本任务的切片程序，当出现预览图后点击 ，打印机即开启打印操作，如图 5.21 所示。

图 5.20　回零完成

打印初期由于打印模型的高度未超过料槽高度，所以无法看到模型的成型过程。待模型高度超出料槽高度后，即可以观察到打印平台上模型的制造过程，如图 5.22 所示。

直至打印完成，打印平台将自动升至 Z 轴最上方，以方便取料，如图 5.23 所示。

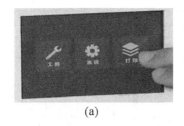
(a)

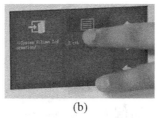
(b)

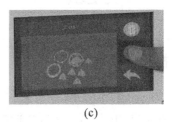
(c)

图 5.21　打印切片模型

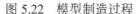

图 5.22　模型制造过程

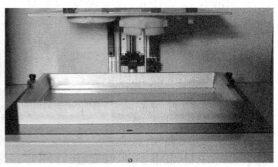

图 5.23　打印完成

三、开合机构模型的后处理

（1）打印完成后，待打印平台不再有树脂滴下时，便可将打印平台拆下，利用小铲刀手动将黏合在打印平台上的树脂清理到树脂槽中。

（2）将打印平台放到清料槽中，使用纸巾对打印平台及模型表面进行擦拭，后使用装有95%浓度的工业酒精对模型及打印平台进行喷洗，如图5.24所示。

（3）使用塑料铲刀轻轻将模型从打印平台上一一拆卸下来，放入清洗槽中，如图5.25所示。

图 5.24　清理模型

图 5.25　拆卸模型

（4）使用酒精进一步对每一个模型零件进行清洗，彻底将模型零件上残留的树脂清洗干净，以防止固化时残留的树脂黏结到模型上无法去除，从而影响模型的精度和美观。

（5）固化处理：

① 将彻底清洗干净的模型放置到固化箱的固化平台上，各模型不要叠加摆放，如图5.26所示。

② 将控制区域的计时器调整为30s，点击计时器旁边的固化箱启动按钮开始1次固化，如图5.27所示。

图 5.26　模型放置到固化平台上

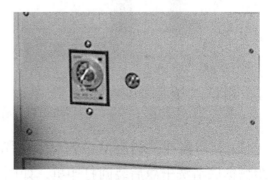
图 5.27　第 1 次固化

③ 30s 后，1 次固化自动停止。打开固化箱，将各模型旋转 180°，按同样的操作再次进行 30s 的固化，以使模型强度均匀，如图 5.28 所示。

经过 2 次固化的模型将更加干爽、美观，硬度更高，简单打磨后即可进行组装，得到最终的开合机构整体模型，如图 5.29 所示。

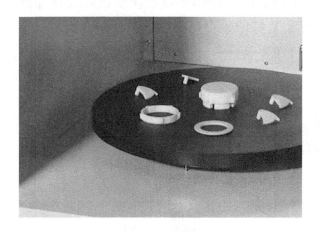

图 5.28　第 2 次固化

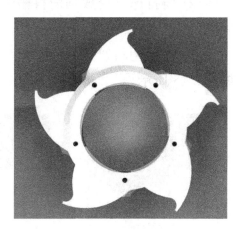

图 5.29　组装后的模型

四、清扫清洁

（1）使用酒精将打印平台彻底清洗干净后，装回到打印平台，如图 5.30 所示。

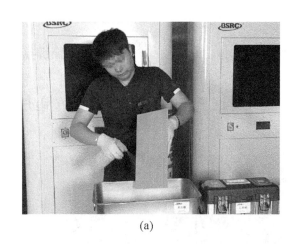

(a)

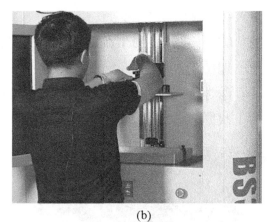

(b)

图 5.30　清理平台

（2）利用漏斗将树脂槽中的剩余树脂回收到树脂瓶中，后期继续使用。将树脂槽彻底清洗干净后装回打印机，如图 5.31 所示。

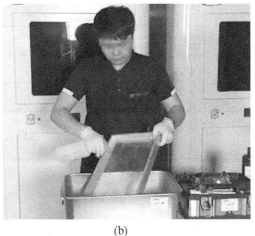

(a)   (b)

(c)

图 5.31　清理树脂

（3）将清洗槽中的废液倒入处置罐，待进一步处理，避免对环境造成影响。将各种工具收集至工具箱，使用酒精将实验室的地面进行清洗打扫。至此本次打印任务圆满完成。

任务评价

在完成以上几个教学环节的基础上，对本任务做总结，针对学生完成任务情况，完成任务过程中的规范性、态度、参与度、协作能力等方面进行评价，任务评价表如表 5.2 所示。

表5.2　任务评价表

任务名称		开合机构					
姓名		班级		评价日期			
		学号					
评价项目	考核内容	考核标准		配分	小组评分	教师评分	总评
任务完成情况评定（80分）	任务分析	正确率100%　　　　5分 正确率80%　　　　4分 正确率60%　　　　3分 正确率＜60%　　　0分		5分			
	制定方案	合理　　　　　　　10分 基本合理　　　　　6分 不合理　　　　　　0分		10分			
	模型处理	参数设置正确　　　20分 参数设置不正确　　0分		20分			
	3D打印成型	操作规范、熟练　　10分 操作规范、不熟练　5分 操作不规范　　　　0分		30分			
		加工质量符合要求　20分 加工质量不符合要求 0分					
	后处理	处理方法合理　　　5分 处理方法不合理　　0分		15分			
		操作规范、熟练　　10分 操作规范、不熟练　5分 操作不规范　　　　0分					
职业素养（20分）	劳动保护	按规范穿着工装，穿戴防护用品		每违反一次扣5分，扣完为止			
	纪律	不迟到、不早退、不旷课、不吃喝、不游戏打闹、不玩手机					
	表现	积极、主动、互助、负责、有改进精神、有创新精神					
	6S规范	是否符合6S管理要求					
总分							
学生签名		组长签名			教师签名		

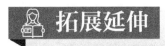

拓展延伸

技术创新：北京宇航推进借助 3D 打印制造火箭发动机关键部件

2020 年 3 月，北京某公司自主研制的全尺寸涡轮泵完成装配及交付。3D 打印火箭发动机，在设计时采用了高可靠、低成本、重复使用的设计理念，同时兼顾了重量轻和高性能的指标要求。涡轮泵是火箭发动机中唯一的一个高速旋转而又承受高温、极低温、高压和剧烈震动等恶劣环境的关键部件。

3D 打印技术创新方案有效地提高了涡轮泵性能和成本优势，在生产制造环节大量采用 3D 打印，大幅缩短生产周期、降低产品成本，为后续批量生产奠定了坚实基础。

❓ 习题

一、填空题

1. 通过三维扫描仪或者利用计算机辅助设计软件获取到数字 3D 模型，目前主流的三维设计软件有（　　　　）、（　　　　）、（　　　　）等。将三维模型输入电脑中将模型转化成可切片的 .stl/.scl/.obj 格式。

2. LCD 打印的工艺流程主要包括（　　　　）、（　　　　）、（　　　　）、（　　　　）。

3. LCD 打印后零件的后处理主要包括（　　　　）、（　　　　）。

4. LCD 打印的材料主要包含（　　　　）、（　　　　）、（　　　　）、（　　　　）和（　　　　）。

5. 利用 LCD 打印机完成开合机构的 3D 模型处理主要包括（　　　　）、（　　　　）、（　　　　）和（　　　　）。

二、简答题

1. 简述 LCD 技术的打印原理。

2. 简述 LCD 技术的优点。

3. 简述 LCD 技术的应用。

项目六

选择性激光熔化技术（SLM）

选择性激光熔化技术（selective laser melting，SLM）由德国 Froounholfer 研究院于 1995 年首次提出，是一种金属粉末的快速成型技术，用它能直接成型出接近完全致密的金属零件。SLM 技术克服了选择性激光烧结（selective laser sintering，SLS）技术制造金属零件工艺过程复杂的难题。SLM 可用于快速原型制作和批量生产，可用的金属合金范围相当广泛，综合性功能强，可减少装配时间，提高材料利用率，节约直接成本；缩短产品上市时间——生产过程更灵活，适用于产品生命周期较短的产品；对产品形状几乎没有限制，空腔、三维网格等复杂结构的零件都可以制作；产品或零件能很快地打印出来，减少库存，盘活资金；不需要昂贵的生产设备；产品质量更好，力学性能可与传统的生产技术（如锻造等）媲美。SLM 技术广泛应用到汽车、航空航天及医疗等领域。随着应用的增长，技术的成熟，工艺和材料变得越来越便宜，我们应该可以看到它变得越来越普遍。本项目将学习选择性激光熔化技术（SLM）打印的基本知识；适用材料、工艺特点及工艺流程；对零件模型进行打印前处理；使用打印机完成模型打印；对打印的模型进行后处理操作；完成 SLM 打印机日常清扫与保养。

1. 了解选择性激光熔化技术（SLM）的基本知识；
2. 能对零件模型进行打印前的处理；
3. 能操作使用打印机并设置打印机参数，进行模型打印；
4. 能对打印的模型进行后处理操作；
5. 能够完成 SLM 打印机日常清扫与保养。

一、选择性激光熔化技术的原理

SLM 技术是在 SLS 基础上发展而来，两者的基本原理类似。SLM 技术采用激光进行选择性熔化，根据 CAD 数据直接成型具有特定几何形状的零件，成型过程中金属粉末完全熔化，产生冶金结合。

首先，金属熔化过程容易氧化，打印需要全程在真空环境或者惰性气体保护中进行。打印前，水平铺粉系统将一层厚金属粉末均匀平铺在基板上，激光束在扫描系统的控制下按照当前层的轮廓信息选择性熔化基板上的金属粉末，加工出当前层的轮廓，使初始层固定在基板上，然后成型仓下降一个层厚高度，铺粉系统在已加工好的当前层上铺好金属粉末，激光束进行下一层加工。如此层层加工，层层熔化，直到整个零件加工完成。选择性激光熔化技术工艺原理如图 6.1 所示。

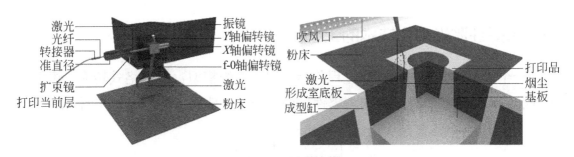

图 6.1　选择性激光熔化技术的原理

二、选择性激光熔化技术的特点

1. 优点

（1）直接制造金属功能零件，不需中间工序。SLM 技术成型的零件致密度高，可达 90% 以上，且抗拉强度等力学性能指标优于铸件，甚至可达锻件水平，所以制作功能零件有很大优势。

（2）金属粉末完全熔化，所直接制造的金属功能件具有冶金结合组织，致密度较高，具有较好的力学性能。

（3）多种金属可供选择，包括奥氏体不锈钢、铝合金、镍基合金、钛基合金等贵重金属。

（4）尺寸精度高，表面质量好，良好的光束质量可以直接制造出较高尺寸精度和较好表面粗糙度的零件。

2. 缺点

（1）成型时间长。想要提高加工精度，需要更薄的加工层厚，层厚的增加对加工时间的加长起主要作用，即使小零件加工时间也较长，难以应用于大零件和规模制造。

（2）对工艺要求较高。金属的熔化机理较复杂，金属熔化凝固过程，温度梯度很大，会产生极大残余应力，需要在加工前对零件进行针对性流程优化和设计，避免缺陷的形成。

（3）设备昂贵。加工环境需要真空或者惰性气体保护，要求环境稳定，熔化金属粉末所需功率比 SLS 大得多，能耗高，导致整套设备价格偏高。

（4）后处理复杂。打印过程需要把零件固定在基板上，因此后处理需要把零件和基板分开，而且支撑材料和零件材料一致，去除支撑比较费力。

三、选择性激光熔化技术的工艺流程

一个典型的 SLM 3D 打印过程包括：建立三维模型、STL 格式转换、模型前处理、打印前准备、逐层打印、零件后处理。SLM 成型工艺流程，如图 6.2 所示。

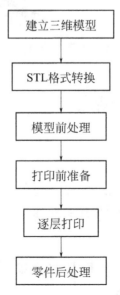

图 6.2　选择性激光熔化技术的工艺流程

1. 建立三维模型

利用计算机辅助设计软件建立三维模型，目前主流的三维设计软件有 NX、Solidworks、Pro/ENGINEER 等；也可以将已有产品的二维图样进行转换而形成三维模型，或对产品实体进行激光扫描，得到点云数据，然后利用反求工程的方法来构建三维模型。

2. STL 格式转换

STL 格式文件是由 3D Systems 软件公司开发的一种普遍适用于现阶段快速成型设备的文件格式，由于 STL 格式的文件简单、实用，目前已经成为快速成型领域的标准接口文件。大多数计算机辅助设计系统能输出 STL 文件格式，通用性强；扫描仪也可以直接将点云数据保存为 STL 格式。

3. 模型前处理

在金属 3D 打印的过程中，针对打印件的形状和性能要求添加必要的支撑是非常重要的环节，支撑结构主要起到三个方面的作用：

（1）为打印下一层提供了合适的平台。

（2）支撑锚定在打印平台上，防止打印件翘曲。

（3）它们充当散热器，将热量从零件带走，并使其以更可控的速率冷却。

4. 打印前准备

金属零件的 3D 打印需要控制的因素较多，工艺较复杂，且加工成本较高，所以需要针对每一个零件进行特定工艺设计并优化，加工前进行仿真是十分有必要的，提前了解零件的加工风险及缺陷，通过优化工艺来避免缺陷。

3D 打印的实质是分层制造，把零件按照特定层厚进行分割，按照每层轮廓逐层加工，最终合成完整零件。所以 STL 格式文件需要"切片"处理，即按照特定层厚进行分割，由于 STL 文件只是保存了零件表面信息，所以形成的是每层的轮廓，还需要对轮廓进行"填充"，按照设备设定的填充方案进行填充，形成每层激光的扫描路径。

5. 逐层打印

填充好的文件导入到设备中，设定好激光功率、激光速率和预热温度等工艺参数即可开始零件的加工，整个打印过程均由设备控制系统控制，保证打印过程的稳定，只需准备充足的金属粉末原料即可。

6. 零件后处理

金属打印过程中添加的支撑需要在后处理中去除，金属的支撑较难，因此用到的工具较多，可以分为拆除工具、打磨工具和抛光工具。金属零件的后处理主要为：

（1）热处理。零件取出后用吸尘器清理表面粉末，清理干净后放入气氛炉中进行热处理，释放内应力，提高零件物理性能（是否热处理根据零件的性能要求而定）。

（2）将零件从基板上拆除。拆除方法有两种：线切割和钳断。线切割可以将支撑和工件完整分离但较为烦琐，用钳子将工件与基板之间的支撑剪断较为费力。

（3）去除支撑。用钳子等工具将零件上的支撑去除。

（4）打磨零件。去除支撑后零件上仍会残留支撑痕迹，可以用电动打磨机来打磨支撑点，只把突出的支撑点去除即可。

（5）喷砂和防锈。打磨之后的零件表面还比较粗糙，颜色不均匀，需要进行喷砂处理，使之表面相对光滑，颜色统一，抛光后进行清理并涂防锈油进行防锈。

四、选择性激光熔化技术的材料

可用于 SLM 技术的粉末材料主要为金属粉末，大致分为三类，分别是混合粉末、预合金粉末和单质金属粉末。

1. 混合粉末

混合粉末由一定比例的不同粉末混合而成。现有的研究表明，利用 SLM 成型的构件力学性能受致密度、成型均匀度的影响，而目前混合粉末的致密度还有待提高。

2. 预合金粉末

根据成分不同，可以将预合金粉末分为镍基、钴基、钛基、铁基、钨基、铜基等。研究表明，预合金粉末材料制造的构件致密度可以超过 95%。

3. 单质金属粉末

一般单质金属粉末主要为金属钛，其成型性较好，致密度可达到 98%。

五、选择性激光熔化技术的应用

目前 SLM 技术主要应用在工业领域，在复杂模具、个性化医学零件、航空航天和汽车等领域具有突出的技术优势。

SLM 技术在模具行业中的应用主要包括成型冲压模、锻模、铸模、挤压模、拉丝模和粉末冶金模等。采用 SLM 技术成型了带有随形冷却通道的结构件，测试了采用细胞晶格结构后零件的工件强度。实验设计了四种结构：实体结构、空心结构、晶格结构和旋转的晶格结构。分别进行了压缩实验，结果显示：相对于实体结构，带有晶格结构的样件强度有所降低；相对于空心结构，带有晶格结构的样件强度没有明显增加。采用 SLM 技术成型了带有随形冷却通道的压铸模具，实验结果表明：随形冷却的存在减少了喷雾冷却次数，提高了冷却速率，冷却效果更均匀，铸件表面的质量有所提高，缩短了周期并且避免了缩孔现象发生。

SLM 技术在医疗行业的应用也越来越广泛，逐渐用于制造骨科植入物、定制化假体和假肢、个性化定制口腔正畸托槽和口腔修复体等。传统心血管支架制作工艺基于微管生产和激光显微切削，可采用 SLM 技术成型钴铬合金心血管支架。

传统的航空航天组件加工需要耗费很长的时间，在铣削的过程中需要移除高达 95%（体积分数）的昂贵材料。采用 SLM 方法成型航空金属零件，可以极大节约成本并提高生产效率。Ti-6Al-4V（Ti64）具有密度低、强度高、可加工性好、力学性能优异、耐腐蚀性好的特点，是航空零部件中最为广泛使用的材料之一。

西北工业大学和中国航天科工集团北京动力机械研究所于 2016 年联合实现了 SLM 技术在航天发动机涡轮泵上的应用，在国内首次实现了三维（3D）打印技术在转子类零件上的应用。

在 3D 打印技术众多的应用领域中，汽车行业的应用较早。利用 SLM 技术制造的汽车金属零件，在降低成本、缩短周期、提高工作效率、生产复杂零件等方面具有优势，能够使车身设计、结构、轻量化等性能更优异。

组合零件模型的 3D 打印

任务布置

本任务需要利用 Magics 软件对鞋底模型、齿轮模型以及"大国工匠"的背景模型进行数据处理，后将模型导入到双激光金属打印机，经过烘粉、基板喷砂、装粉、打印机设置等一系列前期准备后进入打印环节，打印完成后通过清粉、热处理、线切割、去支撑、打磨、喷砂等后处理过程，最后得到鞋底展件、齿轮展件、"大国工匠"背景模型的合格成品。

任务目标

一、知识目标

理解选择性激光熔化技术（SLM）技术的原理；

掌握选择性激光熔化技术（SLM）实验室安全操作规范的内容；

掌握使用软件对零件模型进行前处理的方法；

掌握使用 Magics 软件对零件模型的摆放、切片和填充的方法；

掌握用选择性激光熔化技术（SLM）打印零件的工艺及工作流程；

理解选择性激光熔化技术（SLM）打印机的参数功能；

掌握对打印后零件模型的后处理方法。

二、技能目标

能使用软件对零件模型进行加工前处理；

能使用 Magics 软件对零件模型摆放、切片和填充；

能够遵守实验室的安全操作规范，正确操作 3D 打印机设备进行打印机参数设置，并完成打印；

能够完成零件的后处理；

能够完成打印机日常清扫与保养。

三、素养目标

打印过程中，通过对企业 6S 管理规范的执行，培养良好的职业规范意识（工服、防护用品、工具箱和工作台整洁等），工作现场达到企业 6S 管理的要求；

在对零件模型打印过程中，严格执行打印工作流程、规程，并遵守操作规范，培养良好的职业规范和职业行为；

通过对零件模型的打印前处理、打印参数设置、打印后的后处理等操作，培养严谨、细致、工作中一丝不苟的工匠意识和职业素养。

 # 任务分析

本任务结合实际企业工作中合理利用资源、提高生产效率的实际要求，需要在一块基板上完成鞋底、叶轮两个主体模型并且要添加"大国工匠"背景模型，因此前期数据处理过程中要做好合理布局。另外，整个过程时间较长，要求工艺完整，与真实企业生产一致，所以采用国内知名的工业级激光打印设备进行打印。

任务实施

组合零件的打印共分为 3D 模型处理、3D 打印和后处理三个步骤，任务中详细讲解和演示了模型处理的方法、打印设备的操作方法、参数设置和后处理方法等内容。

一、组合零件 3D 模型处理

1. 模型文件转换

首先确认模型文件的格式，如果是 PRT、STP 等通用格式，需要用三维软件

（NX 等）将其转换为 STL 格式，以 NX 为例，打开 NX12.0，点击屏幕左上方【文件】→【打开】，打开所需文件后，点击【文件】→【导出】→【STL】，弹出图 6.3 所示对话框，选取所需模型及保存位置，输出文件类型选择二进制，弦公差和角度公差都设置为最小值，保证零件模型高精度，单击确定，模型文件即转换为 STL 格式。

2. 模型文件切片与填充

（1）打开 Magics21.0，导入与打印设备相匹配的平台文件，单击工具栏【加工准备】→【新平台】，选择设备的平台文件，单击确定结束，如图 6.4 所示。

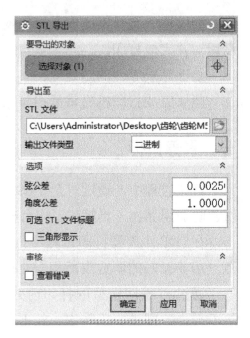

图 6.3　模型文件转换

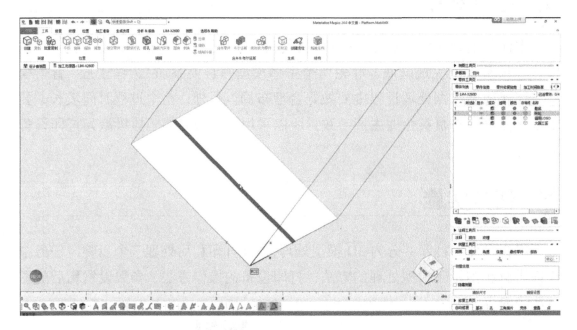

图 6.4　导入平台文件

（2）单击界面右侧工具栏中【零件工具页】下的【零件列表】，选择叶轮，叶轮模型即出现在中间界面中。点击菜单栏中弹出的【生成支撑】按钮，软件会自动对叶轮模型生成支撑，如图 6.5 所示。

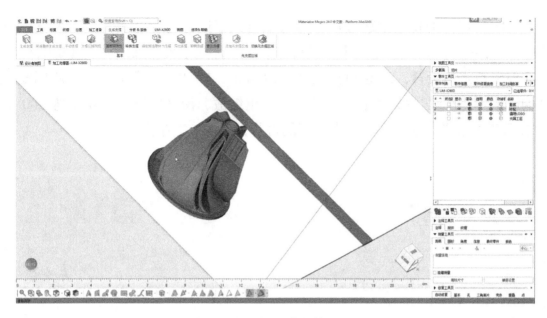

图 6.5 生成支撑

（3）同理完成支撑的添加后，可以在 Magics21.0 软件中，在【零件工具页】下的【零件列表】中选取所有要打印的零件模型，单击菜单栏中的【位置】按钮，通过调整功能键 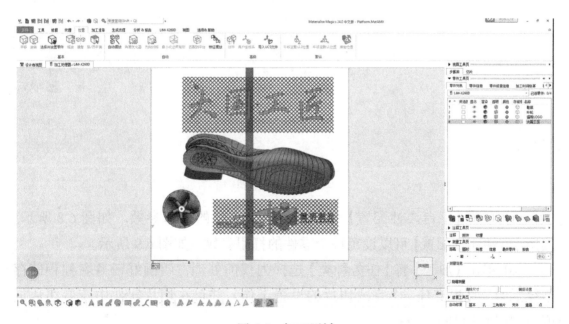 来调整零件模型的位置，进而完成所有模型的排版工作。

图 6.6 所示为两个激光的加工区域。

图 6.6 加工区域

（4）各零件的位置摆放好后，即可以对模型进行切片处理。单击菜单栏中的 [LiM-X260D] 进入切片软件，单击【配置机器】在配置打印机界面下选择【参数编辑器】对参数进行设置，设定【材料】为 718 合金，【切片属性】下设定切片厚度为 0.04mm。单击【切片属性】可以对切片、重缩放、激光的路径、功率等 200 多个参数进行设置，从而支撑激光打印的进行，如图 6.7 所示。

图 6.7　切片处理

（5）单击【平台属性配置】可以设定一个平台的打印参数，如图 6.8 所示。选择【零件属性配置】可以设定每个零件的打印参数，如图 6.9 所示。

（6）单击【加工】将【任务种类】选择为仅前处理，明确好任务名称和储存路径后点击【提交任务】完成切片的设置工作。并可在切片软件中查看切片进度，如图 6.10 所示。

图 6.8　设定平台参数　　　　　　　图 6.9　设定零件参数

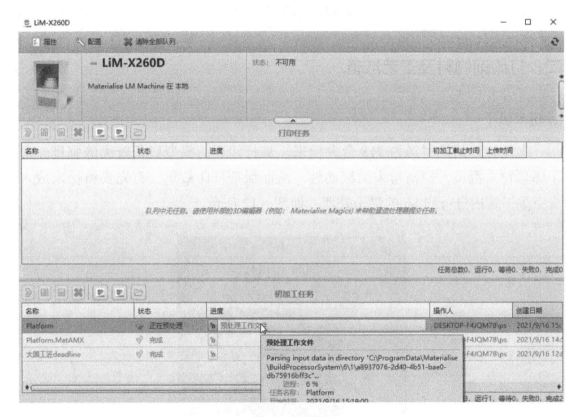

图 6.10　切片设置

　　（7）切片完成后可以对切片数据进行检查。点开切片文件（如图 6.11 所示），
X 轴显示切片层数，本案例切片层数为 1504。检查切片无误后即可将切片文件
发送到激光打印机准备打印。

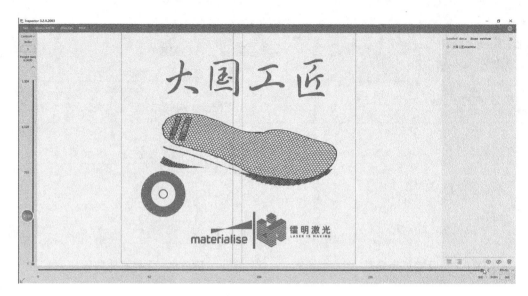

图 6.11　检查切片数据

二、打印前物料及工艺准备

1. 粉末烘干

本任务选用的材料为 718 合金粉末，其打印后的模型具备较高的强度。为了降低粉末湿度，提高粉末的流动性，从而保证打印效果，首先要将粉末放入真空烘干箱内进行约 8h 的烘干处理，如图 6.12 所示。

图 6.12　粉末烘干处理

2. 基板喷砂

在打印前需对基板进行喷砂处理，以保证其具备更好的扑粉效果，使首层粉末顺利，整个铺设更加均匀，从而提高打印效果，如图 6.13 所示。

3. 装粉

将烘干后的粉末装入 3D 激光打印设备的供粉缸内，装入粉末后要用装料铲不断上下插实，如图 6.14 所示。

图 6.13　基板喷砂　　　　　　　　　图 6.14　装粉

4. 基板安装

将喷制好的基板安装到 3D 激光打印设备的成型缸上，安装后使用高度尺对基板的四周进行测量，保证基板的平整度，如图 6.15 所示。

5. 安装刮刀

碳纤维毛刷刮刀具有较好的扑粉效率和容错率，在目前业内较为先进、流行。安装刮刀如图 6.16 所示。

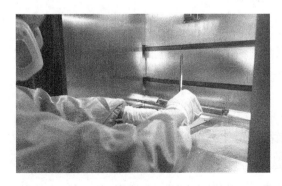

图 6.15　基板安装　　　　　　　　　图 6.16　安装刮刀

6. 手动刮平粉末

将粉末刮平，如图 6.17 所示。

图 6.17　手动刮平粉末

7. 激光镜面清理

使用酒精棉对激光发射镜面进行清理，以保证光源顺畅地照射至粉末上，如图 6.18 所示。

图 6.18　激光镜面清理

三、3D 打印组合零件模型

1. 打印设备简介

本任务选用的 3D 打印设备为天津雷铭激光生产的 LIM-260A 型金属打印机（图 6.19），该设备具有双激光配置可以提高打印效率，可以打印钛合金、铝合金、高温合金、不锈钢等材料，是业内较为先进的工业级金属打印设备。在生产过程中该设备配套 2 台水冷器，用于 2 个激光器的冷却；除尘装置用于去除打印过程中产生的废气烟尘；制气系统用于为打印设备提供氩气，以保证优良的打印环境。

图 6.19　金属打印机

2. 打印的操作步骤

（1）启动 3D 打印机，将处理好的零件模型文件拷贝到打印机的电脑中，使用打印机自带的软件导入文件。

（2）在打印机配套的操控电脑中，单击【关闭门锁】后点击设备上的【复位】按钮；打开操控面板上的【加热】按钮为基板进行预加热；打开【洗气】按钮向舱室内充入氩气置换掉氧气，使其具备打印条件，该过程一般要进行 $20 \sim 30\text{min}$；待打印机舱室内的氧含量达到规定值时即可以启动打印。初始打印如图 6.20 所示。

（3）当打印完成后，将操控面板上的【加热】关闭；关闭【洗气】按钮停止氩气的充入；打开【门锁】及【排气】按钮；待温度下降方可打开舱门。舱门打开后将刮刀移动到初始位置。用毛刷将覆盖在模型上面的金属粉末清除，即可清晰看到打印后的零件模型，如图 6.21 所示。

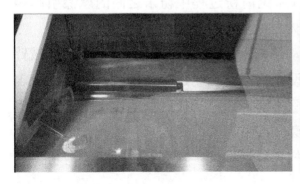

图 6.20　打印开始

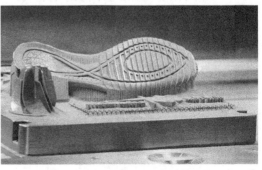

图 6.21　打印完成的模型

四、组合零件模型的后处理

1. 取零件

使用内六角扳手将基板与成型缸分离，后穿戴隔热手套将基板与零件模型的连接件一同取出，如图 6.22 所示。

2. 清粉

从打印设备取出的零件，其轮廓或型腔中仍残留大量的金属粉末，所以应将其彻底清理干净，并回收粉末再次使用，同时也为后续工序打好基础。本任务采用的是真空全密闭自动清粉机进行残余粉末的彻底清理。其步骤如下：

（1）将基板与模型的连接件放入自动清粉机的工作平台上，用内六角扳手将其固定，如图 6.23 所示。

图 6.22　取零件

图 6.23　固定连接件

（2）向清粉机舱室内充入氮气，以避免清粉过程中粉末之间的摩擦引起爆燃。待设备发出"滴滴"声，证明舱室内已达到工作要求。

（3）启动清粉机（图 6.24）进行自动清粉，清粉过程中工作平台会在机械臂的驱动下自动翻转角度，翻转过程中设备将自动启动超声波系统对平台进行震动，使零件及支撑内部粉末更容易清除干净。经过一段时间的震动清除后，停止平台运动，穿戴设备配置的密闭手套，取下内部配置的氩气喷枪，进一步对零件及支撑的缝隙及型腔内部进行吹扫，最终彻底将粉末清除干净。清粉完成如图 6.25 所示。

图 6.24　清粉机

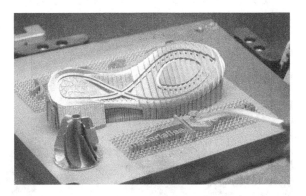

图 6.25　清粉完成

3. 热处理

不同的材料具有不同的性能特点，一般情况下经激光打印的零件具有一定的应力，需要通过热处理来进行去除，使零件具备更高的强度和韧性。本任务将经过彻底清粉的零件与基本连接件一同送入真空炉中，如图 6.26 所示，进行 8h 的热处理。

4. 线切割

经热处理后的零件具备较高的强度，需要将零件与基板的连接件装夹到切割机床上将基板与各零件进行分离。装夹过程须使用千分表进行找正，以保证分离后的工件符合工艺尺寸要求。连接件找正处理好即可进行线切割处理，如图 6.27 所示。

图 6.26　用真空炉进行热处理

图 6.27　线切割处理

5. 去除支撑

经切线割后，得到 4 个零件，其中鞋底展件、叶轮需要去除支撑。叶轮较小且支撑不多，使用尖嘴钳直接将支撑去除（如图 6.28 所示）。鞋底展件支撑较多，且具有一定强度，需要先使用气镐去除，后使用尖嘴钳对残留的个别支撑底部进行彻底清除，如图 6.29 所示。

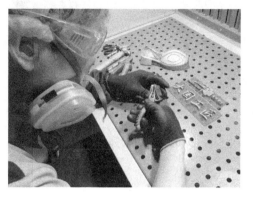

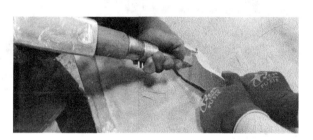

图 6.28　用尖嘴钳去除支撑　　　　　图 6.29　用气镐去除支撑

6. 打磨喷砂

去除支撑后的零件，需要使用风磨笔对工件的表面进行打磨，去除支撑残留及打印过程中产生的毛边等，如图 6.30 所示。待零件表面均打磨光亮后即可放入喷砂机中进行喷砂处理，如图 6.31 所示。

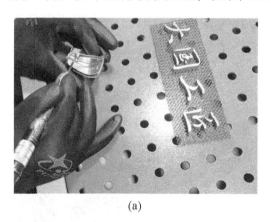

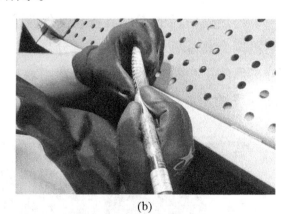

(a)　　　　　　　　　　　　　　　　(b)

图 6.30　去除支撑残余、毛边

五、零件检测

将零件送到检测室，使用三坐标检测零件的尺寸精度，不合格的查找原因修改后重新打印，精度合格则出库即可，如图 6.32 所示。

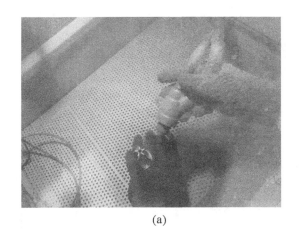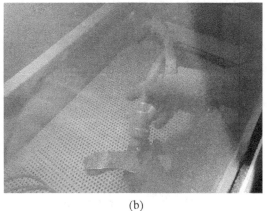

(a)   (b)

图 6.31　喷砂

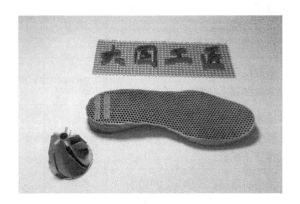

图 6.32　检测零件尺寸精度

六、清扫设备和实验室

（1）将打印机内、外有粉尘附着的部位擦拭干净，激光镜头及传感器探头用擦镜纸蘸取少量异丙醇进行擦拭，铺粉小车两侧钢带用无纺布擦拭干净无砂粒，工量具和相关物品摆放整齐。

（2）将实验室的场地清扫干净，地面、桌面应无粉尘，关好门窗，断开设备电源。

⚒ 任务评价

在完成以上几个教学环节的基础上，对本任务做总结，针对学生完成任务

情况，完成任务过程中的规范性、态度、参与度、协作能力等方面进行评价，
任务评价表如表 6.1 所示。

表6.1　任务评价表

任务名称		组合零件模型		评价日期			
姓名		班级					
		学号					
评价项目	考核内容	考核标准		配分	小组评分	教师评分	总评
任务完成情况评定（80分）	任务分析	正确率 100%　　　　　5 分 正确率 80%　　　　　4 分 正确率 60%　　　　　3 分 正确率＜ 60%　　　　0 分		5 分			
	制定方案	合理　　　　　　　　10 分 基本合理　　　　　　6 分 不合理　　　　　　　0 分		10 分			
	模型处理	参数设置正确　　　　20 分 参数设置不正确　　　0 分		20 分			
	3D 打印成型	操作规范、熟练　　　10 分 操作规范、不熟练　　5 分 操作不规范　　　　　0 分		30 分			
		加工质量符合要求　　20 分 加工质量不符合要求　0 分					
	后处理	处理方法合理　　　　5 分 处理方法不合理　　　0 分		15 分			
		操作规范、熟练　　　10 分 操作规范、不熟练　　5 分 操作不规范　　　　　0 分					
职业素养（20分）	劳动保护	按规范穿着工装，穿戴防护用品		每违反一次扣 5 分，扣完为止			
	纪律	不迟到、不早退、不旷课、不吃喝、不游戏打闹、不玩手机					
	表现	积极、主动、互助、负责、有改进精神、有创新精神					
	6S 规范	是否符合 6S 管理要求					
总分							
学生签名		组长签名		教师签名			

拓宽眼界：陶瓷 3D 打印技术

随着技术的不断发展，陶瓷 3D 打印技术作为增材制造技术，将与传统的减材和等材制造一样，成为陶瓷加工方法中不可或缺的一部分。陶瓷的特性脆而硬，并且耐高温、耐腐蚀、耐磨、绝缘，化学和物理性能稳定，所以在许多行业内有着广泛的应用，例如航空航天、生物医疗、电子制造、汽车、模具、陶瓷首饰、文化创意等领域。

陶瓷材料按照 3D 模型印刷和烘干，按照古老的程序进行烘焙和上釉，把创新和传统结合在一起，成为新兴文化创意的发展方向之一。

？习题

一、填空题

1. (   ) 是以原型制造技术为基本原理发展起来的一种先进的激光增材制造技术。

2. 目前 SLM 技术主要应用在工业领域，在 (   )、(   )、(   ) 和 (   ) 等领域具有突出的技术优势。

3. SLM 打印金属零件的后处理主要包括 (   )、(   )、(   )、(   )、(   )。

4. 在打印前需对基板进行 (   ) 处理，以保证其具备更好的扑粉效果，使首层粉末顺利，整个铺设更加均匀，从而提高打印效果。

二、简答题

1. 简述 SLM 成型工艺原理。

2. 简述 SLM 技术的优点。

3. 简述 SLM 技术的缺点。

参考文献

［1］吕鉴涛 .3D 打印原理、技术与应用［M］.北京：人民邮电出版社，2017.

［2］曹明元 .3D 快速成型技术［M］.北京：机械工业出版社，2017.

［3］高帆 .3D 打印技术概论［M］.北京：机械工业出版社，2015.

［4］吴立军，招銮，宋长辉，等 .3D 打印技术及应用［M］.杭州：浙江大学出版社，2017.

［5］王晓燕，朱琳 .3D 打印与工业制造［M］.北京：机械工业出版社，2019.

［6］任何东，杨景宇，李超林，等 .3D 打印技术及应用趋势［J］.成都工业学院学报，2018，21（2）：30-36.